房间整理术

井井有条系列 3

[日] 吉川永里子 著

孙玉虹 译

中国建筑工业出版社

前言

　　这是专为不善收拾房间的"懒人们"撰写的一本书！很多人虽曾多次尝试过收拾房间，可往往是好不容易下定决心准备干了，"却又不知道该从何处下手"或"开始时信心满满，干着干着就失去了耐心"，抑或"刚收拾好转眼间又乱了，算了，就那样吧！"诸如此类等。想把房间收拾干净却又苦于不得要领，常常事倍功半或半途而废。本书就是向这些为收拾房间而纠结的人们伸出的一根橄榄枝——用你最喜爱的漫画形式，向你传授整理、收拾房间的307个金点子。

　　无需任何理由，也不需任何条件，权当先上当一回，请按本书所讲先干起来再说！

　　对于"不知道该从何处下手"的朋友来说，无论从哪页开始都无妨，当然也可先从你最在意的地方着手，只要有开始就一定会有收获。

　　而那些"想收拾却又不得法"的朋友们，也请尽管放心。本书收录、汇集了客厅、厨房、壁橱等各处物品的整理、收纳方法。以插图形式并配以简洁明了的解说，让你在欣赏漫画的同时，轻松学会整理、收纳。本书汇总的有关整理、收纳的好主意、金点子300多个，只要你拥有此书，就能让你家所有物品井然有序、干净整洁。对整理、收纳缺乏耐心易半途而废的人也不必着急，即使你不能按部就班从头开始也没关系，就从你想收拾的地方或从你感兴趣的章节开始，一边欣赏漫画一边轻松愉快学收纳。

　　本书亦是为不爱收拾或干干停停、停停干干易打退堂鼓的朋友们所作。汇集了大到正确的方法要领，小到简单实用的小技巧，让你一看就懂，一学就会，只要坚持下去人人都会有收获。

我想手捧此书的朋友们，此时此刻是不是有一种无论如何都想试试的感觉？对！就是现在！挑战的机会来了！难道你真的甘心做一个"乱室佳人"在那乱糟糟的房间里天天过那种为找东西而着急上火的日子吗！哪怕一开始只整理一个地方、只收拾一件东西，这就是迈开了可喜的第一步，只要坚持下去，你就会发现还有更大的惊喜！赶快行动起来，摆脱脏、乱、差的困况吧！

译者的话

一次北京之旅，翻译此书的机缘悄然而至——朋友向我推荐了此书。一看书名，便觉好奇《房间整理术》。顺手翻了几页，便觉此书不同于以往的同类书籍：每幅插图让你耳目一新，印象深刻；每个小故事短小精悍，言简意赅，读来妙趣横生，引人入胜。不知不觉被作者吉川永里子对生活的细致观察所吸引，为永里子的一个个奇思妙想所折服。琐碎、繁杂的家务事，经永里子一描一绘竟变成了一个个乐趣所在；枯燥乏味的体力劳动变成了活动筋骨的健身运动；脏、乱、差的"猪窝"则变成了干净整洁的小天地，让读者花较少的时间获得较多的技能。我认为这就是吉川永里子撰写此书的苦心吧，当然也是它得到众多读者青睐的原因之一。

作者吉川永里子毕业于日本大学艺术学部摄影专业，获得日本整理、收纳顾问一级认定讲师资格。因其本人曾是一个典型的"邋遢"美女，所以能从一个职业女性的视角，把理家经验、收纳理念及失败的教训、成功的经验点点滴滴倾注于字里行间。对现代职业女性理家、收纳遇到的各种问题——答疑解惑。作者分门别类，由简至繁，由浅入深为你打开整理、收纳之门，让你在欣赏漫画的同时，不知不觉学会了整理，学会了收纳，学会了如何做一个合格的妈妈，如何做一个称职的好妻子。因此，这本书具有让人阅后就迫不及待想立刻改变现状的魔力，自然本人译后也受益匪浅，禁不住向爱美爱家的你推荐此书：如果你喜欢漫画请看这本书，如果你想拥有个干净整洁、温馨和睦的家请看这本书，如果你想让你的孩子身心健康、快乐成长请看这本书……

虽然本书所讲对有些人来说也许是一些不足挂齿的小事，但正如鲁斯·本尼迪克特（美国当代著名文化人类学家）在她的《菊与刀》中所讲"一个民族的特性，正是由这些细小的习惯或公众意识组成的，他们对于一个民族未来的影响，甚至远远超过外交官签订的各种条约。"她还告诫我们"不管是在哪一个原始部落还是哪一个先进发达的国家，人类的行为都是从日常生活中的一些琐碎小事体现出来的。"所以，窥一斑知全豹，希望通过这些所谓的"琐碎小事"让我们对日本民族能有更多的了解。

在本书翻译过程中，我尊重、保持了原作的风格，力求译稿达到信、达、雅，如有不妥之处，诚请热心读者指正。本书的翻译、出版得益于中国建筑工业出版社国际合作处白玉美女士、王砾瑶女士、刘文昕先生的大力推荐和帮助，葛雨松先生的润色，在此谨致诚挚的谢意。

孙玉虹
2014年5月1日
于山东济南

目 录

前言……2

译者的话……4

卷头漫画 怎么也收拾不好,谁来帮帮我呀!!

收纳小故事之1 为宝宝的出生打造一个干净、整洁的家……8

第1章

人人都能轻松愉快收拾屋子的诀窍

整理、收拾屋子之前的心理准备……16

容易收拾的屋子,不易收拾的屋子……18

成为收纳达人的6个小贴士……20

整理、收拾屋子的步骤……22

收纳小故事之2 把家收拾到什么程度才合自己心意?……24

收纳小故事之2 把家收拾得干净整洁后,结婚、工作、升职好运连连……26

第2章

人人都能毫无顾虑、放心『扔弃』的窍门

如何理解『扔弃』……30

『扔弃』的3个步骤……32

分类介绍如何动脑购物之『扔弃』法……34

分类介绍如何『扔弃』……36

分类介绍,无论如何都不想『扔弃』的东西……38

收纳小故事之3 房间收拾好后,总会发生意料不到的惊喜……40

……42

第3章 不同场所与不同物品的收纳诀窍

- 客厅……44
- 厨房……58
- 衣橱……78
- 壁橱……86
- 抽屉……94
- 洗漱间……106
- 收纳小故事之4 挽回夫妻感情的小故事……115
- 玄关……116

第4章 把老公和孩子『培养』成收纳高手的小窍门

- 老公、孩子『作相』曝光……126
- 和家人一起整理、收拾……128
- 让老公成为收纳达人的5个小窍门……130
- 和老公一起整理、收拾……132
- 让孩子成为收纳达人的5个小贴士……134
- 和孩子一起学收纳……138
- 孩子用品的分类收纳……140
- 后记……144

编辑协助／村越克子
设计／细山设计事务所
漫画、插图／雨月衣
ＤＴＰ／亚历克斯

怎么也收拾不好，谁来帮帮我呀！！

Column 1

收纳小故事之1

为宝宝的出生打造一个干净、整洁的家

　　故事的主角是一位住在两居室里的孕妇。这位准妈妈是个不善收拾屋子的"邋遢"美女。门口横七竖八堆了一地鞋子,准妈妈有时甚至脚蹬两只不成双的鞋就出门。随着宝宝的即将出生,准妈妈觉得无论如何要在孩子出生前把家里好好收拾收拾了。

　　首次打扫清理出的垃圾竟有两小卡车!两人面面相觑"真没想到竟有这么多垃圾?!"事实的确如此!仅大件垃圾就堆满了一屋子,基本上都是用不着的东西!原本想应付了事的小两口,这下来了干劲儿,在接下来的工作中提高了对物件"需要的"和"不需要的"甄别能力。就这样经过3次清理打扫,收拾出一个宽敞明亮、干净整洁的家。

　　半个月后,当我再次拜访这户人家时,曾经凌乱不堪的6帖大的房间里摆上了一张儿童床,成了即将出生的宝宝的房间。经过清理的房间变得井然有序、焕然一新,就连主人的表情都发生了很大变化。看到小两口开心、快乐的样子,我相信他们不会再回到那乱糟糟的过去了。

第1章

人人都能轻松愉快收拾屋子的诀窍

> 不善收拾屋子的人有一种误解：总认为整理房间、收拾屋子是件很麻烦的事，只有那些中规中矩、做事一板一眼的人才做得到。那么，整理、收拾究竟是什么？实际上你只要掌握了窍门，人人都能轻松愉快学会收纳。

整理、收拾屋子之前的心理准备

不要把"整理、收拾"本身作为目的，而应憧憬着"收拾完之后那美妙的变化"

在动手收拾屋子之前，希望你记住的是：意义不在"整理、收拾"本身，而是要不断地在脑海里憧憬着"收拾完之后那美妙的变化。"如果将"整理、收拾"本身作为目的的话，面对凌乱不堪的房间总会产生"又得收拾"的消极情绪，或者"即使收拾好了反正一会儿还要乱，干脆……"，等等诸如此类的想法，就会对收拾屋子感到无趣而产生厌烦。

相反，如果你时时想象着自己"坐在打扫得整洁、明亮的房间里或手持自己喜欢的杯子悠闲地品味着一杯清茶"或"欣赏一下房间的布置"抑或"赏玩一下自己中意的小饰物。"时刻憧憬着"收拾完之后那美妙的变化，"我相信你就会理解"整理、收拾房间"的意义，就不会觉得收拾屋子是件烦人的事了。这就是带着快乐的心情干活而不觉着累的关键。

此外，房间一经收拾，以前那种常常为找东西而着急上火或总是心血来潮买一堆派不上用场的东西的情况减少了。哪些该摆出来，哪些该收起来一切都井井有条，一目了然。无论干什么都毫不费力，工作效率也得以大大提高。不必付出无益的辛苦、时间或金钱就能使爱巢焕然一新，一想到收拾屋子有这么多好处，你就会越收拾越起劲，越干越想干。

如果把"整理、收拾"作为目的,那么,这项工作就很难坚持下去!

如果把"整理、收拾"作为目的的话……

即使从早到晚没完没了地收拾,可看上去还是乱糟糟的,总觉得又白忙活了一天……

如果时刻憧憬着"收拾完后那美妙的变化……"

在收拾的干净、整洁的房间里,尽情地放松身心,想象着那舒适的情景,收拾屋子就变成一件很开心的事了。

> 容易收拾的屋子，不易收拾的屋子

家里东西太多，房间就不好收拾！要使"东西"的进与出保持平衡！

　　东西塞得多的房间易乱易脏，当然也不好收拾。理由很简单：收拾100个物件要比收拾10个物件费劲儿的多！房间凌乱的原因不外乎：房子小，东西没地方放、没时间收拾、孩子多等，总之就是不易整理、不好收拾。如此一来，东西越攒越多也就越难收拾。相反，如果家里东西少，收拾起来就简单得多了。

　　实际上人这一生维持基本的生存所需的东西并不是那么多。但是，很多人总以为某件东西家里有的话用起来方便，日子仿佛就过得富足、就开心。所以，家里的东西就不断地增加。当然，这些东西是不会自己跑到你家里去的，有的是自己买的，也有的是别人送的。自然它们也不会自己跑出去，如果你不把它们扔掉或送人的话，它们也是不会离开这个家的。如果你不想让自己的家变得越来越臃肿、越来越乱的话，就要"买一件，扔一件"，让家里东西的进与出始终保持平衡，这是房间干净整洁、不凌乱的关键。

把握好物品"进"与"出"的平衡，你家就不会"臃肿""凌乱"！

因进的东西太多，家变成了臃肿的胖子

因进的多，而出的少，家被塞得满满的。

臃肿的房子

进与出保持的平衡的家

东西进的多，出去的也多，把握好进与出的平衡，东西就不会越攒越多。

整洁、宽敞的家

收拾屋子的步骤

收纳3步骤——"整理"、"收纳"、"循环"!

所谓"整理、收纳"不外乎以下3个步骤:

整理　首先把清理出来的东西分成两大类,即:"需要的"和"不需要的";

收纳　把"需要的"东西,放在取用方便的显眼位置;

循环　东西用完后一定要放回原处。

先来说说"整理",首先把清理出来的东西分清哪些是目前"需要的",哪些是"不需要的"。凌乱的房间往往是被一些"用不着"的东西塞得到处都是,而"用得着"的东西又扔到了不易取用的地方,整理起来当然费时又费力。有些东西也许价格不菲或还未用完抑或是朋友送的,也许将来能派上用场,但对于目前的自己来说则是用不着的,类似这样一些"过去的东西"就要考虑将其扔弃。

再来说说"收纳",首先考虑的是取用方便。把常用的东西集中收放到靠近使用场所、易取易放的位置,如果不管三七二十一都堆在眼前很快又会乱套。

最后再说说"循环",要想保持室内干净整洁,必须将用完的东西放回原处。否则,随手乱丢乱放很快就会又乱起来。下面让我们按图所示重新回顾一下整理、收纳方法。

按照这3个步骤去做,无论多乱的房间都能变得干净整洁!

首先,请跟着我从厨房的抽屉及食品架等常用场所开始整理吧!先从小空间试着做就不易半途而废。

步骤1

整理

其着眼点是:这个东西眼下是否用得着。将其分成两类:"眼下用得着的"和"用不着的。"

步骤2

收纳

把常用物件集中归置在使用场所附近、易取易收的位置。

步骤3

循环

用完后的东西一定要放回原处,这是不凌乱的关键!

成为收纳达人的 6 个小贴士

1 收纳衣物时尽量立放，不要摞起来

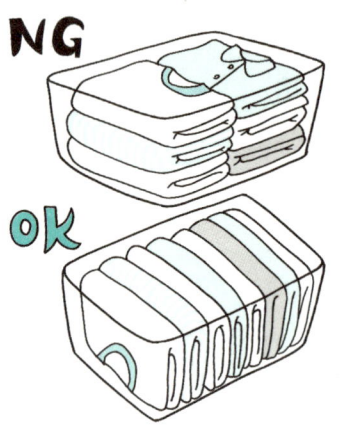

如果将衣物、纸袋子等物品摞起来收放的话，用时很难往外取。而且一般只看到最上面的，易忽视下面放的东西。但若将其叠好立放收纳，所有东西一目了然，寻找起来省时省力，而且还会大大提高收纳量。

2 尽管是同类物品，也应按"使用频率"分开收纳

比如说都是茶杯，理应集中收纳。但如果把家人用和客人用混收在一起的话就不太科学。应把家人常用杯子收放于取用方便的最佳位置，也就是说即使是同类东西，但平常不大用的话也不应占据取用方便的位置。

3 尽量减少腿脚来回移动的频率

"打开抽屉"、"取出东西"要尽量一个动作就搞定。如果为取一个东西不停地来回移动,收拾起来势必费时费力,看上去还显凌乱。取常用的东西,尽量一两个动作就搞定。如果距收纳位置较远的话,则应重新调整收纳场所。

4 零碎物品应用小盒子或小袋子隔开收纳

像首饰、文具等零碎物品如直接扔在箱子或抽屉里,用时不易寻找,而且看上去也没品位。类似这种零碎东西应用小盒子或带封口条的透明塑料袋子收纳于抽屉里,如此一来,什么地方有什么一清二楚,用完后再放回原处,保持抽屉整洁有序。

5 "眼前"是放常用物品的"指定位置"

无论什么样的收纳场所肯定有"眼前"和"里边儿"之分。基本原则是:常用物品要放在"眼前",而"里边儿"则适合收纳本季用不着的东西或不常用的物品。无论是抽屉式的收纳箱还是带脚轮的收纳架,安排合理的话都可收放简单,即使不好用的"里边儿"也可得到充分利用。

6 收放8成满即可

再告诉你一个收纳小窍门:无论多大的收纳空间,收放8成满即可。如出现取用费时费力或总是翻来覆去找东西时,可能就是收放的东西过多了。

> 把家收拾到什么程度才合自己心意？

家，收拾的满意与否因人而异，不要期待着收拾得像样板间那样！

当看到室内装修杂志或收纳特集上刊登的样板间时，或许你会想我家如果收拾得也这么漂亮该多好啊！那么，把家收拾到什么程度自己才会满意，真的是因人而异。有些人觉得不仅房间要收拾得干净整洁，就连抽屉里也要整理得井井有条，否则心里就不踏实。也有些人觉得即使乱点也无所谓，只要地板上无杂物就行。所以，究竟把家收拾到什么程度才算标准，本人觉得只要本人感到舒服就可以。没必要收拾得处处那么到位，更没必要为减少"积压货"而心痛地扔弃。说句心里话，也许外人觉得你家挺乱，而你自己并没感到有什么不好，换句话说，自己觉得心情舒畅满意就好。

究竟把家收拾到什么程度才"达标"，的确因人而异，所定目标要切合实际。一般来说，想用什么东西不必四处翻找"垂手可得"即可。如果你想用什么东西开始着急上火四处寻找，而且这种情况越来越多时，就要考虑是该好好收拾屋子的时候了。不要逃避，此时正是向脏、乱、差的房间进行挑战的时候了！

自己觉得"心情真好啊!"、"真开心啊!" 把家收拾到这个程度就OK了!

期望值太高是导致挫败感的原因

把家收拾得只要自己满意就OK

不要期望把家收拾地像样板间或宾馆那样"一尘不染"。

收拾房间的目的——需要什么,不必到处翻找!

如果频频出现需要的东西总是四处寻找的话,房间就开始乱了,此时就要着手整理了!

整理、收拾屋子的价值

只要行动起来，幸福的感觉就像滚雪球一样，越来越大！

如今人称收纳达人的我，说实话直到前几年我还是一个不会收拾屋子的小女生。从小我就不喜欢收拾屋子，虽然也知道还是干净整洁的房间好，但嫌麻烦的我仍然很淡定地生活在凌乱不堪的房间里。

上大学时由于受到一连串的挫折，身心遭受严重打击。我下决心以此为契机改变现状。我开始学着收拾房间、打扫屋子，没想到自此之后我的工作、恋爱都发生了意料不到的变化。我深深体会到是干净整洁的家给我带来了好运。的确如此！一经收拾，不仅房间变得窗明几净，好运也接二连三光顾我家。

房间里一乱，住在里边的人的生活及心理状态都会被"搅乱"，而一个整洁有序的家，首先不必总是为找东西着急上火，觉着时间都变得很充足了。二是可以在宽敞明亮的房间里或做点自己感兴趣的事或打扮一下自己，内心感到幸福、踏实。由于居住环境得到了改善，内心也时时涌出珍惜今日美好生活之情。你如果也行动起来的话，我相信好运也会光临到你的头上！

一个干净整洁的家给您带来的10大变化

1. 心情舒畅了
2. 不必为找东西着急上火,节省时间了
3. 工作顺利、家务事变简单了
4. 与家人、恋人之间的关系和睦了
5. 愿意回家了
6. 避免了重复购物或减少在外就餐的次数,懂得节约了
7. 会理财,有存款了
8. 明白了对自己来说什么是最重要的东西
9. 知道规划自己的人生了
10. 知道自己在做什么,并喜欢自己所做的事情

Column

收纳小故事之2

把家收拾得干净整洁后,结婚、工作、升职好运连连

很多人总认为自己干什么都不顺,没想到把房间收拾干净后,竟接二连三出现了连自己都不敢相信的好运。

一对同居在一个屋檐下的青年男女就是一个极好的例子。他们虽然在一起已经共同生活了5年,但至今未踏进婚姻殿堂,眼看女孩子就30岁了,她决心抓住最后的机会,认真做起了功课——打扫卫生、收拾屋子。令人惊讶的是仅仅过了一个来月,男朋友就找到了心仪的工作,紧接着他们顺利成婚。没有任何魔法,好运像滚雪球一样越来越大。

一个人如果长期生活在脏乱不堪的房间里,干什么都会提不起精神来,作息无规律,生活也会邋遢散漫。而干净整洁的家不仅提高生活质量,更可令人振奋精神,催发一个人积极向上的欲望和能量,整理、收纳的意义就在于此。

第 2 章

人人都能毫无顾虑、放心"扔弃"的窍门

> 整理 10 件物品肯定要比整理 100 件物品简单、容易得多。要轻松、愉快地收拾屋子，学会做"减法"就是最好、最轻松的收纳。也许有些朋友认为说起来容易……。究竟如何掌握放心"扔弃"的诀窍呢！？

如何理解"扔弃"

所谓"扔弃",并不是指简单地随手"扔掉",关键是要搞清楚哪些是自己需要的

眼下"扔弃"一词很流行。的确,家里东西一多收拾起来费时费力,更何况对那些本不善收拾屋子的人来说,要把堆积如山的东西收拾得井井有条的确不是件容易的事。因此,掌握"扔弃"的窍门就显得格外重要了。如果平时不懂得随时"扔弃",那么,在收拾屋子时就不知道该"扔"什么,从哪里开始"扔"。虽然也时尚地跟随"扔弃"之风,认为不要的东西就"扔掉"。但什么是"不要的东西"却不会判断,就在这犹豫之中,"扔掉多可惜"的心情越来越强烈,最终又回归到原点"先放着,以后再说吧!"

我们暂且先把"扔弃"一词放一放。问题的关键是:我们并不是非要找出"扔弃"之物,而是从现有的一堆东西里挑选出哪些是我们"需要的":经常用的东西、一年用几次的东西、虽不实用但摆在那儿可以愉悦心情的东西……逐一分类。这样一来,哪些是"需要的东西"一目了然。未被"选中"的东西,也就是说没有它们也不会觉得为难的东西,奉劝你毫不犹豫地与其"拜拜~"!

此外,我不赞同"扔弃=OUT","买=IN"这种观点。如果所购物品的确是自己所需要的,那么"扔弃"的东西就会自然减少了。

要知道自己真正需要的是什么？

并不是随意地"扔掉不要的东西"，而是从现有的东西里选出"需要的"。不是简单地"扔掉"，而是要学会在生活中如何做"减法"。如果你掌握了这个窍门的话，你的生活将会变得轻松、惬意。

"扔弃"的3个步骤

以"目前用得着"为基准，甄别出哪些是要"扔弃"的，哪些是应"留下来的"！

要想学会"扔弃"，需遵循以下 3 个步骤去做。首先让我们从小范围、小空间试着做起，这是收纳成功的秘诀。

步骤 1　首先把抽屉里或搁架上的东西全部取出来。望着眼前的一堆东西你会吃惊地发现怎么会有这么多啊！？"没必要留这么多啊！"恨不得马上扔掉。

步骤 2　接下来就是从这堆东西中选出"目前用得着的东西"放回原处，平时真正用的东西，只需 1 秒钟就能轻松判断出来。对于那些"将来或许用得着"或"还能用"的东西来说，你觉得以后真的用得着吗？劝你立马放手！只有放回原处的东西，对你而言才是目前真正需要的。再不懂得如何"扔弃"的人，按以上所讲去做的话，也一定能正确判断出那些你"不要"的东西。

步骤 3　最后，将剩下的东西再分为三类：(1) 可马上"扔弃"的；(2) 拿不定主意的；(3) 作为回忆要保存下来的。相信在 30 分钟之内你就能完成以上这 3 步。经过半年之后,那些曾让你"拿不定主意扔还是不扔"的东西，要么"扔弃"，要么"卖掉"抑或"送人"，它们就从你家里 Out 了！

"扔弃"的3个步骤

首先让我们从厨房的抽屉及食品架等常用的地方开始吧！
从小空间开始做起，不易半途而废

步骤 **1**

先把一处的东西全部取出来

先把最常用的抽屉或搁板腾空，试着从小范围开始做起。

步骤 **2**

只选"目前用的着的东西"并将其放回原处

首先将那些毫无疑问的常用物品放回原处，一旦犹豫一下说明这个东西不是常用之物。

步骤 **3** 将剩下的物品分为 3 类

将"剩下的物品即目前用不着的东西"分为 3 类："扔弃"，"犹豫"，"保管"

①当场能扔的东西：
如不出水的签字笔、过期的优惠券、干涸的胶水等不能用的东西或有 3 个以上同类的东西，其中的 1～2 个可直接扔进垃圾箱。

②犹豫不决的东西：
将那些拿不定主意扔还是不扔的东西，装入一个盒子里或纸袋里，并注明当天日期，将其放在较显眼的位置，半年后如一次也未用过，可毫不犹豫地将其扔掉！

③需保存的东西：
对于那些即使现在用不着，但有保存价值的东西，集中归置在一个盒子里作为纪念品保存起来或时常拿出来"用"一下，使其变成一个"常用物品。"

分类介绍如何"扔弃"

当擦脸时感觉毛巾又硬又粗糙时……

洗脸后皮肤滑爽,此时如用陈旧毛巾擦拭易划伤皮肤。这样的旧毛巾宜作他用或改做抹布用。

以鞋跟为基准

再时尚的鞋子,鞋跟一旦磨损,整体形象就会大打折扣。如实在舍不得扔掉,可请修鞋师傅更换鞋跟。

有残缺或已无光泽的餐具,应适时处理掉

长期派不上用场的压箱货,尽管完好无损,但放在盒子里一两年都用不着,估计以后也很难再登"大雅之堂",劝你处理掉。此外,陈旧的餐具看上去已失去光泽,也应处理掉!

T恤类的休闲服,穿用3年后就该淘汰了

穿过3年的T恤类的休闲服,它已经很"尽力"了,要果断地处理掉!新款不断上架,再穿着变形的衣服,如何"与时俱进"?

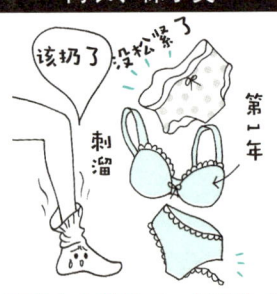

松紧带失去弹性时,就是该"扔弃"之时!

内裤的穿着寿命大约是一年。当内裤的松紧带或周边的蕾丝花边脱落时就该淘汰了。否则,穿着一双袜口松懈的袜子或失去弹性的内裤,看上去人会显得很邋遢。

书籍、杂志类

作为"信息"而购入的杂志等,其保存期限约为半年!

说真的,让你扔掉自己喜欢的书是件很难的事。但作为信息而购买的书或杂志等,其保存时间约为1个月~半年,过期的信息毫无保存价值。

文具类

喜欢的东西,有两个足矣

笔、剪刀、圆规等相同的文具限定在2个以内足够了。总是堆得满满的,寻找起来麻烦,看着也乱。

化妆品类

化妆品用一季就应与其"拜拜"

开封后的化妆品极易变质,即使没用完,用一季后也应处理掉。对待"面子",不应小气!

半成品食材类

超过保质期的食材,要毫不犹豫地扔掉!

类似咖喱块儿、调味料等半成品食材买那么多堆在那里什么时候用完?!劝你经常变着花样搞个速食日或冷冻食品节,将半成品食材消灭在"保质期"内!

炊具类

脱漆的锅具等,要舍得扔弃!

像涂料脱落的平底锅、磨损的筷子、变形的锅盖、色素沉着难以洗刷的砧板等如长期使用,一是不好用,二是易影响菜肴的味道!

分类介绍如何动脑购物

CD、DVD类

网上能搜寻到的就不要购买

喜欢的东西在电脑上储存起来,可节省好多空间呢!想反复看的或感兴趣的内容,要事先考虑好收藏地方后再决定买与不买。

调味料类

不要购买饭店用的大容量包装

很多人认为还是购买大容量包装的调味料用起来划算、实惠。但如果在保质期内用不完的话,反而造成浪费。而小容量的包装随用随买保证新鲜。

餐具类

出现摔坏情况时,再考虑购买新的

购买新餐具的基本原则是:有摔坏的或的确不够用时再考虑是否购买新的。很多人喜欢收集餐具,关键是要掌握一个"度"。

衣服类

尽量购买穿着机会多的衣服

购衣前应充分考虑到穿着时间、穿着场合、约会对象或穿着用途等。考虑得越具体越周全,一般就不会出现误购或重复购置情况。上身时间尽量在一个月之内最好。

书籍、杂志类

想好了收藏场所后再购买

作为收集信息而购买的书籍、杂志不必放在书架上。而自己喜欢的书,应充分考虑好书架上有收藏的空间后再决定是否购买。

日常用品类

提醒自己:"促销活动"是经常搞滴!

当家里还有2包卫生纸、1盒餐巾纸或洗衣粉还剩四分之一时再买也来得及!

化妆品类

当想购买一款新的化妆品时,一定在店里试用之后……

如果想尝试一款新的颜色是否适合自己,一定要在店里试用之后再做决定!要时刻提醒自己:往往还没用完就不喜欢了。

首饰类

物美价廉的首饰,建议以新换旧

很多人总会不由自主地买些价格便宜的饰物,当你要买那些便宜货时,定要想想实际用途再掏钱不迟!

儿童玩具类

只限定在孩子生日或圣诞节等节日时购买

孩子们的玩具大多是父母给买的或亲朋好友送的。如果只限定在某些节假日或在固定的玩具店购买的话,就不会积攒过多。

儿童服装类

只买"需要的",不买"想要的"

如果只是觉得"多可爱呀!"就掏钱的话,肯定会造成浪费。当孩子衣服小了、失去弹性了或磨坏、撕破等"必须"购置时,再决定是否买新的。

分类介绍，无论如何都不想"扔弃"的东西之"扔弃"法

纸袋子

大、中、小各保留5~10个足矣

选出自己喜欢的或较结实耐用的，其余全部处理掉！多增加一个，多占1个空间

礼物类

在表示感谢的同时，想好它的"去路"

收到别人送的礼物在表示谢意的同时，要想好它的"去路"。自己不喜欢或用不着的话，就要做好"送人"或"处理掉"的思想准备。

信件、贺年卡类

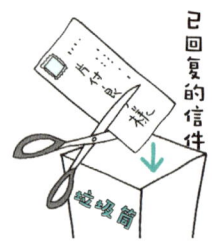

已回复的信件可坦然地处理掉

收到信件及时回复要比保留信件更重要。只把那些能引起美好回忆的重要信件集中收藏于一个特定的盒子里即可。

照片类

只留下拍得好的，其余的当场删掉

积攒得太多了再挑选的话很耽误时间，建议拍得不好的当场删掉。在输入电脑时再挑选一次，只保留自己认为最满意的，这样就避免了重复、占位。

旧衣服类

只留下与时尚、性别无关的，其余处理掉

自己喜欢的衣服或不受时尚左右的衣服可收好以备急需之用。尺寸不适合自己的衣服送与他人，不失为处理上策。

CD、DVD 的处理

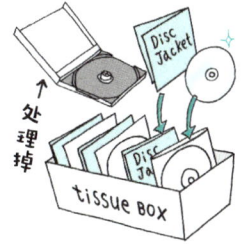

首先把包装盒拆掉

将拆除包装盒的盘或片集中收放到百元店（约人民币 6 元）出售的不织布袋子里，然后再集中归放到一个较大的盒子里收纳。如果半年内用不着的话，即可处理掉。

纪念品之类

只放在这一个盒子里

如果箱子已满，可将其全部腾空，重新挑选出"对于今天的自己来说最重要的"按重要程度依次放回原处，剩余的处理掉！

化妆试用品

尽快试用，否则扔掉

将收到的化妆试用品，放在易取易收的梳妆台上，以便尽快使用，如果不用最好事先不要接受。

旧毛绒玩具、布娃娃类

向它道声"谢谢"，然后适当处理掉

玩儿旧的毛绒玩具或布娃娃等直接装在垃圾袋里扔掉心里的确很难受。建议将其装到干净的纸袋子里，与其道声"再见"，然后再做处理。当然也可将其清洗干净，送给幼儿园或儿童活动室继续发挥其"余热"。

旧账本、存折类

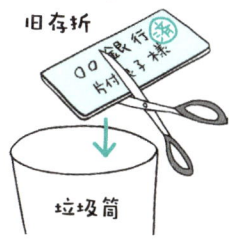

已不再使用的旧东西，不必保存

已用完的存折看上去似乎很重要，但实际上已失去保存价值，建议及时处理掉！同样，过期的收到条、明细表及工资明细表等也应及时处理掉。需注意的是处理时不要泄露个人信息。

Column

收纳小故事之3

房间收拾好后，总会发生意料不到的惊喜

以前经常会碰到一些不善收拾房间的朋友，个个看上去无精打采、懒散无力。他们的房间经常是乱糟糟的，到处散落着随手扔弃的杂物。不爱收拾屋子说起来还各有各的理由。但当她们下定决心行动起来后，每个人身上都发生了惊人的变化。原本凌乱不堪的房间一经收拾变得干净整洁，房间看上去也宽敞明亮了，连到访的客人都惊叹不已。以前认为根本做不到的事情，如今也慢慢得以解决，变化逐渐显现出来。对于哪些是自己"需要的"哪些是"不需要的"他们的甄别能力越来越强，越来越精准。有些东西一开始还纠结到底是"扔"还是"不扔"，如今他们已领悟到对今天的自己来说什么是"不需要的"了。

获得这种感悟的人，似乎"啪"地一下视野变得开阔了，脸上焕发出光彩，看上去整个人都充满了魅力。

每每看到她们精神焕发的样子，我都深深感受到自己所做的这份工作太有意义了。

第 3 章

不同场所与不同物品的收纳诀窍

对于那些想收拾却不知道该从何处开始入手的朋友来说，当你看完这一章后，你的烦恼就会统统抛到九霄云外去了。本章主要按不同场所、不同物品分门别类以图解形式向你介绍如何整理，如何收纳。来！下面就让我们一边欣赏漫画一边干吧！

客厅
囧况集锦

客厅即是家人聚集的地方,也是接待客人的场所。呆在这种乱糟糟的环境里,你心情能好吗?

家人聚在一起时间最长的客厅,不知从何时起东西越堆越多,总盼着『谁来收拾收拾啊!』可是谁也懒得整理一下,就这样客厅越来越乱。

NG ✗ 餐桌上横七竖八堆得满满的,连个好好吃顿饭的地方都没有!

又是宣传册,又是孩子的练习本、还有昨天的报纸等乱七八糟堆了一桌子,也不收拾一下,『呼啦』一下就直接推到餐桌一角,一家人挤挤吧吧、没滋没味地吃完了饭。

NG ✗ 堆得像个小山包似的,总觉着房子太小!

又是杂志、又是替换下来的脏衣服多得像个小山包似的堆在墙角或墙根下,眼瞅着就要把人埋起来了!

✗ 总习惯于『先放到里面以后再说』，垃圾筒是用来做什么的？!

从盒子里扒拉出早已不出水的钢笔、用完的废电池、过期的车票等一堆不能用的东西，竟还有3根挖耳勺！

✗ 漂亮、时尚的小吧台，竟变成了杂物台

极少翻阅的菜谱、学校的宣传册、家电说明书等等把小吧台堆得满满的，生活邋遢，没一点品位。

✗ 攒了那么多纸袋子干什么用？!

在储物间竟发现一大堆纸袋子，小小的空间让不断增加的纸袋子塞得满满的，简直像个不明原因的『纸袋塔』！

45

客厅
收纳要点

在客厅里"制作"多个收纳之角

客厅是家人休闲放松、吃饭聊天待的时间最长的地方，当然也是最易积攒东西的场所。平时购买一些自己喜欢的 CD、杂志及宣传册等如顺手放在客厅，稍不留意客厅就会凌乱起来。

客厅的整理、收纳，首先应按使用功能划分几个区域，制作出多个收纳之角。比如说在播放器旁边放置 CD 游戏软件；在餐桌附近摆放上一个专门放置报纸、学校的宣传册等的收纳家具；或在厨房和客厅相连接的通道上，开辟出一块儿家人共用区域，专门收放家人常用的杂志、文具等物品；其他不想示人的零碎生活用品都归置到壁橱里，这样一来各就其位，既避免了寻物之苦，又保证了客厅的干净整洁。

客厅的整理、收纳，还有一点很重要的是视觉上的美感，为此，要尽量购置一些外观漂亮、色彩协调，能让人心情愉悦的家具，在这方面需动动脑筋、费点心思。

如图所示，客厅的整理、收纳：

烹饪区及就餐区
在餐桌旁摆放一个小柜子，专门收放报纸、充电器等。因此区域是妈妈常用之地，适于收放与孩子入园、上学有关的通知书或DM、家庭账本等。取用方便，查看及时。

壁橱
适合存放像信件、贺年卡、纸袋子、影集、常用药物、卫生用品、废旧报纸、打包用的绳子等不太常用的东西或存放不愿示人的零碎物品及大件物品等。

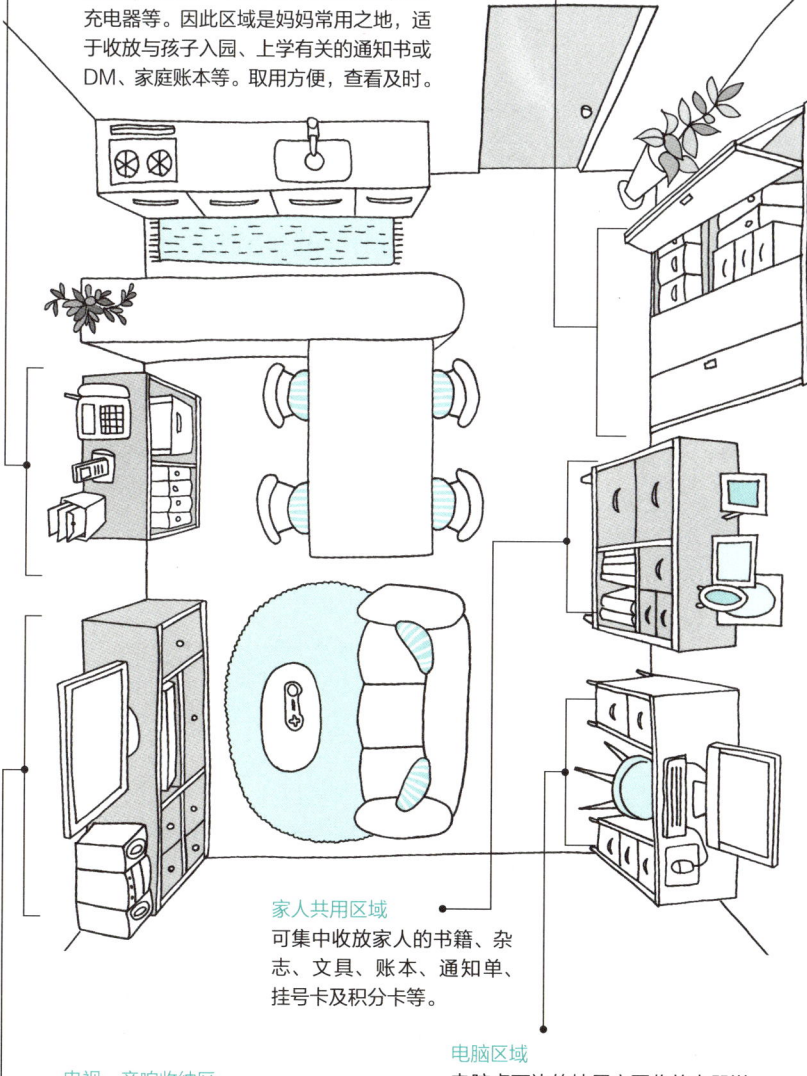

家人共用区域
可集中收放家人的书籍、杂志、文具、账本、通知单、挂号卡及积分卡等。

电脑区域
电脑桌下边的抽屉主要收放电器说明书、电源线、复印纸、相机、墨水及充电器等物。

电视、音响收纳区
摆放电视、音响的家具主要收放CD、DVD、游戏软件及遥控器等零碎东西。

> 客厅
> 整理的5个小窍门

1 不随意乱丢东西，不人为制造"小山包"

书籍、CD等看后如不及时放回原处，顺手到处乱丢的话，散落四处的物品久而久之就堆成了个"小山包"，稍不留意地板上就会凌乱起来。只要地板上不乱放杂物，房间就会看上去宽敞、整洁，而且也易于整理。

2 不随意添置家具

客厅相对其他房间空间较大，不经意间会买个柜子或添个橱子，如此一来随着家具的增加，东西也随之多起来。建议在购置新家具之前是否先让物品"瘦身"，再考虑是否购买。

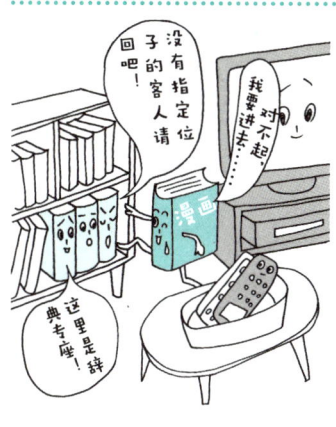

家人易把带回家的各种东西顺手放在客厅里，而整理客厅的基本原则就是：不随便乱摆乱放，否则客厅很快就会被摆满。从其他房间拿过来的东西，谁拿过来的，谁负责将其放回原处！

3 在客厅无固定收纳场所的物品，用完后要马上放回原处

给每人准备一个收纳盒，做到谁用谁管理。不建议全家共用一个收纳盒，因为人人都往里扔，而谁也不想收拾，时间一长又会造成想用的东西找不到的状况。

4 为防止散乱，每个人应有自己专用的收纳盒

客厅不仅是家人聚集的地方，也是接待客人的场所。所以，摆放的家具不仅要具备收纳功能，而且看上去也要美观漂亮。否则，在这么显眼的场所摆上个很凑合的柜子，让人觉得没品位。应尽量挑选设计时尚、材质优良的家具，这样收拾起来也有劲儿！

5 漂亮的家具让人赏心悦目

将书皮反面朝外，更清晰

将书皮反面朝外变成统一的白色，然后用彩笔或印章在书背上标注书名，这样收纳可让人眼前瞬间一亮，给人一种清新醒目的感觉。

杂志

用文件夹做一个暂时收纳盒

未看完的杂志不要随手乱放，最好集中到收纳盒里，待盒子满后或统一处理掉或放到书架上。如此收纳就不会越攒越多。

还可收放到手提袋里

只把自己喜欢的杂志放到手提袋里，既便于移动又方便整理，可随时随地阅读。

客厅

物品的分类整理、收纳

图书

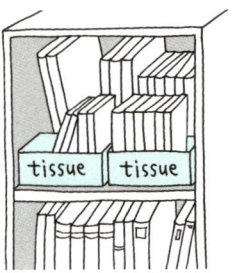

把眼前的书分前后两排收放到盒子里

把藏书及新购的书分前后两排收放于盒子里，关键是把常看的书放在靠眼前的空纸巾盒里。这样收纳易取易收，方便快捷。

用硬纸板作为隔层，可增加收纳量

体积较大的书和普通规格的书并列收放时，可在体积较小的藏书上放上一层硬纸板，能增加一定的收纳量。由于硬纸板的支撑，即使抽出一本书其他的书也不会倾斜。

还可用双面胶在墙上固定一个大小适中的盒子

用双面胶在墙上固定一个大小适中的盒子，便于收放报纸及生活小广告等。

CD、DVD

用专门的收纳袋，避免无节制的乱买

建议到百元店购买那种固定收藏量的CD专用袋，可避免毫无节制的随意乱买。

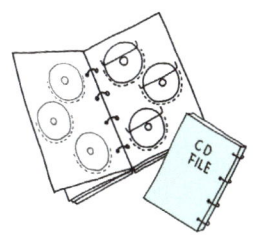

也可将CD或DVD去除包装盒，插入A4的文件夹里

把去除包装盒的CD或DVD插入A4专用文件夹里，集中收放到书架上。

报纸

在餐桌底下固定上两根挂毛巾的挂杆

在餐桌底下固定2根毛巾挂杆，看完的报纸顺手塞到里边，既隐蔽又不占空间。避免了到处乱扔，屋子看上去也不凌乱。

也可在墙上固定一个透明的塑料文件夹收放报纸

在经常看报的附近墙上，最好在爸爸常坐的位置附近用大头钉固定上一个透明的塑料夹，将看完的报纸直接插在里边，这样收纳要比随意扔在桌子上节省空间，整洁有序。

放到透明塑料夹里,随身携带

一些促销广告或带奖券的宣传册最好随身携带,以免忘在家里不能及时使用,而不需要的广告可及时处理掉。

通知单、明细表

将透明文件夹剪成钱包大小的收纳袋

把各种通知单、明细表集中收放到事先做好的透明收纳袋里,便于随身携带、随时缴纳。

分别收放,一目了然

将各种明细表、通知单等确认无误后,即可处理掉。有保存价值的则放到文件夹里,集中收放到书架上,一般保存期为一年。

遥控器

将其集中收放在小篮子里

准备一个专放遥控器之类零碎物品的小篮子,并将其固定在电视机或沙发附近。这样一来,遥控器之类的小电器就不易丢失散乱了。

促销广告

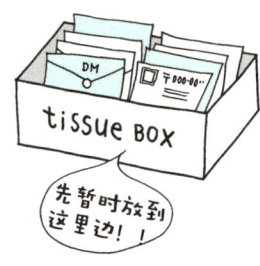

将其暂时收放在纸巾盒里

固定一个收纳盒,并将其放在餐桌等显眼位置,集中收放生活类广告,以免随手乱扔乱放。每周清理一次,该扔的及时处理掉!

各类说明书

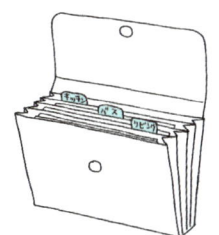

按使用场所分别将其收纳于收缩式的文件包里

比如按"厨房"、"洗漱间"等分别收放其使用说明书。其好处是可以很容易地找到所用物品的使用说明书。

相机、录放机连同其使用说明书及附属件一起保管

建议将相机、录放机连同使用说明书及CD-R、专用线、充电器等附件一同收放到带封口条的透明塑料袋里。

挂号卡

按医院分别收放,集中存放于折叠册里

将挂号卡按医院分别收放比较科学。如同样是看内科,不同的医院出诊日期和出诊时间不同,届时可根据自己实际情况选择合适的医院。

幼儿园、学校的联系信函

按保管期限分别存放

将各种信函等按1个月、1学期或1年分别收纳于文件盒内,并将文件竖着立放。其好处是时间、内容显而易见,可随时确认不易误事!

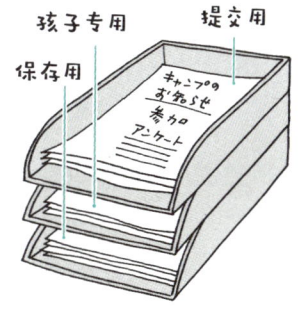

使用文件专用抽屉,易于孩子们取用

经父母签过字准备提交的放在最上层,孩子们带回来的放在中间一层,需要保存的放在最下一层,分别存放一目了然,易于孩子们随时取用,就不会出现忘记提交等尴尬的囧况了。

文具

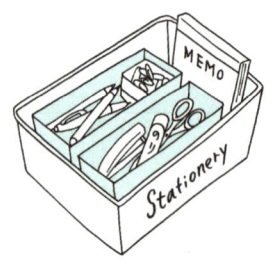

只把常用的文具分放在带隔板的盒子里

准备两个大小适中的盒子,专放常用的文具。而不出水的钢笔或其他不能用的文具则全部处理掉!

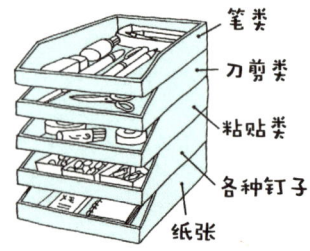

按不同用途,分别收到文件专用抽屉里

将每层抽屉分成"笔类""刀剪类""粘贴类"、"各种钉子"及"纸张"五大类,如此收纳,常用的文具一清二楚,取用简单方便。

或将数支常用文具,立收于空罐里

将五六支常用的笔、剪刀等文具竖插于空罐子里,看上去一目了然、取用方便。

购物卡

插入卡片专用袋,放到手提包或车里

建议将各类购物卡集中归置到卡片专用袋里,并将其放在随时用的手提包或车子里。随用随取,免得错过时机。

游戏机

将其收放到方形盒子里,并置于电视机附近

把游戏机收放于方形盒子里,同时将配套的遥控器、电线、软盘等也集中收放到一起。因其常与电脑连接而用,所以如在盒子上固定上一个拉手,用起来则更加快捷、方便。

常用药

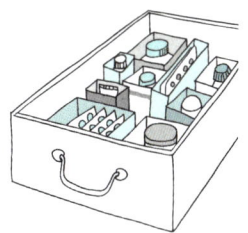

剪掉包装盒的上端部分，集中放到抽屉里

用药时只取出药瓶或药片即可。因各有其固定位置，需用什么药一目了然，取用方便，整洁有序。

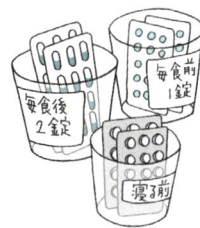

将每天服用的药物立放于透明杯子里

在刷洗干净的果冻杯子或方便面空盒子上，注明"饭后2片"等，然后将装有药物的小杯子集中放到一个小篮子里，并置于显眼位置，一般就不会忘记服药了。

或用带封口条的透明塑料袋收放药物更节省空间

拆掉药品的外包装，只将药和说明书放到带封口条的透明袋子里，立放于抽屉，并在袋子上注明"感冒药"、"止痛药"等用途及保质期。

打包用品

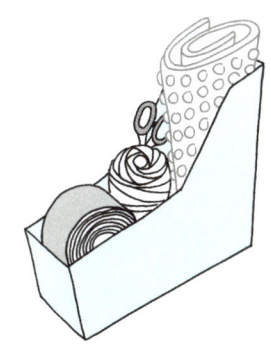

集中归置到盒子里，立放于储藏间收纳

将打包常用的尼龙绳、胶带纸、包装纸等集中放在一个盒子里，立放于储藏间，需要时取用方便。

将尼龙绳缠绕在废旧的卫生纸芯上

首先，将卫生纸芯用胶水固定到一块硬纸板上，然后把尼龙绳缠绕在固定好的纸芯上。如此一来，使用绳子时纸芯牢固，使用方便。

贺年卡

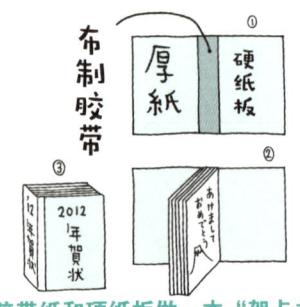

用胶带纸和硬纸板做一本"贺卡书"

把自己认为值得收藏的贺年卡集中归置到"贺卡书"里。并在封面、书脊上标明年度,然后置于书架。此种收纳易查询,好整理。

也可给每人固定"位置",以新换旧

给每个朋友固定一个位置,收到新的贺年卡后,将去年的替换下来,即以新换旧,此法收纳可保存朋友的最新地址。

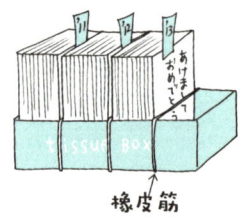

还可按时间顺序收放到纸巾盒里

用纸巾盒收纳贺年卡大小正合适。用橡皮筋将贺年卡按年度隔开,并插入纸片注明年度。待盒子满后,从左至右按时间顺序逐年处理。

卫生用品

将零散的卫生用具集中分放到带隔断的塑料盒里

建议将零散的卫生用具集中归置到带隔断的塑料盒里,并置于储藏间收纳。可清洗的塑料盒也很卫生,立入式收纳一目了然,取用方便。

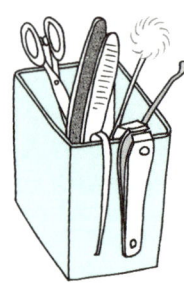

也可插在盒子里收纳

准备一个大小适中的易清洗的盒子,较长的用具可立入收放,像指甲刀或除毛器之类较短的用具最好挂在盒子边上,以免压在盒底不易取用。

充电器

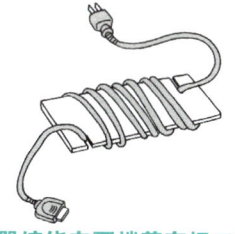

把充电器缠绕在两端剪有切口的硬纸板上

把充电器缠绕在两端剪有切口的硬纸板上，不易打结，而且充电时还可进行长短调节，使用简单方便。

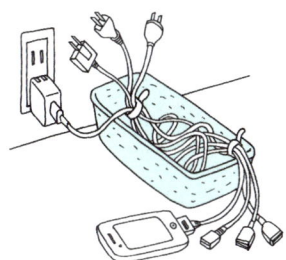

把家人的充电器集中收纳

把多条充电器两端用固定带子束好，放在盒子里，并将其置于插座附近，可随时充电，快捷方便。

电线

把电线塞进纸芯里就OK了

把又细又长的电线反复折叠几次，塞进用完的卫生纸芯里就OK了。然后将其立收于收纳盒或抽屉即可。

PC 用品

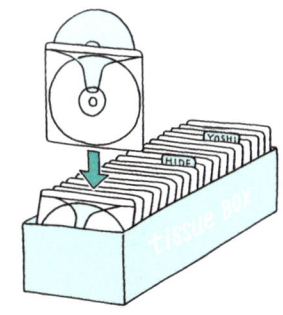

放到不织布袋子，收纳于纸巾盒里

将CD、DVD收放于百元店出售的不织布袋子里，然后立放于纸巾盒里，插入索引或类别，易取易保管。

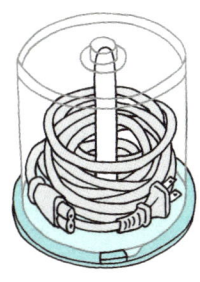

电源线收纳于可旋转的盒子里

又粗又硬的电源线可收纳到CD或DVD的空盒子里，把线缠绕到"芯"上，盖上盖子一下搞定，而且还可摞起来收放，节省空间。

厨房
囧态汇萃

厨房里锅碗瓢盆堆了一地,你看着烦不烦啊?

想用的东西找不到,做起饭来缺这少那,费时又费力。这可是家庭主妇待得时间最长的地方呀,长此以往很影响身心健康哟!

✕ 碗柜里塞满了用不着的餐具

又是盘子又是饭碗,随意摞放乱七八糟塞满了碗柜,难取难收。实际上常用的就是眼前那几个。

取……取不出来呀!

✕ 抽屉里竟有20双筷子!家里究竟有多少人啊?!

抽屉里乱七八糟堆满了筷子、勺子。竟有4把家赠送的饭勺,干什么用啊?!

咦?怎么竟有4把饭勺?!

NG

× 打折商品、赠品塞了一抽屉

一次性的筷子、免费的塑料小勺、吸管、纸巾又是一抽屉！

NG

× 饭锅、煎锅一大堆，难道要开专卖店？！

饭锅多了可适当摞起来收纳。但大小不一、用途不同，混放在一起，用时难取难收，看着就心烦！

NG

× 过了保质期的调味品还堆在橱柜里……

平常不及时清理橱柜，过了期的食材还堆在里边，又是咖喱，又是面酱，还有鱼罐头……存货一大堆！

厨房
收拾要点

减少来回移动的频率，就可减轻身心疲劳！

　　厨房虽小但收纳的东西却不少。而且，锅碗瓢盆形状各异大大小小一大堆。即使对于一个收纳高手来说，收拾厨房也是件很令人头疼的事。因为没有规律可循，觉得收拾地差不多了，但看上去还是很乱。

　　厨房是每天必须"光顾"的地方，做顿饭或不住地开关橱门，或四处翻找东西，都会令人着急上火。应尽量减少不必要的来回移动，将时间和体力的消耗降到最低。

　　要想保存体力不做无用之功，关键是要把厨房按使用功能划分成三个区域，即："火"、"水"、"食材"。在"火"——炉灶附近集中收纳食用油、炒锅等；在"水"——洗碗池附近集中收放菜盆、滤水篮、清洁剂等。炊具收纳合理，取用方便，工作效率就会成倍提高，这对于想尽快做完饭的家庭主妇们来说再也没有比这高兴的事了。炊具摆放位置合理、取用方便既不必耗费水、电、煤气，又节约了体力，真是一举多得。

厨房收纳示意图

洗碗池上方的壁柜
这儿比较适合收放保鲜膜、海绵、果汁机等家用小电器。

调理台上方的壁柜
这儿最适合收纳碗装方便面、味精等怕潮湿的食材。可用小篮子将方便面、味精等分开存放。

抽屉（上、中层）
主要收纳各种刀、叉、勺及筷子等餐具。

洗碗池下方的空间
这里主要收纳菜刀、菜板、滤水篮及各种菜盆或较大的锅、大盘子等较笨重的炊具。

炉灶下方的空间
这里主要收纳煎锅、饭锅、食用油及各种做饭常用的炊具。

抽屉（下层）
这儿收放些瓶瓶罐罐等稍重些的东西，主要考虑的是其安全性。

厨房 / 餐具柜收纳示意图

上段
因此位置较高，取用不便。宜收纳不常用的餐具、节假日专用器皿及茶壶等。

中段
此位置高矮适中，最适合收放咖啡用具、玻璃杯、饭碗及每天使用的餐具。

抽屉
这里取用方便，最适合收纳经常使用的各种零碎小餐具，像饭勺、牙签、吸管、纸杯、竹签、筷子、叉子、抹布等。

下段
这个位置主要收纳较大较笨重的餐具，像各种容器、汤锅、饭盒及大型玻璃容器等。

上段
此位置高矮适中,适合放置微波炉、电烤箱、电饭煲等家用小电器,便于时时观察,省时省力。

厨房/家用食品架收纳示意图

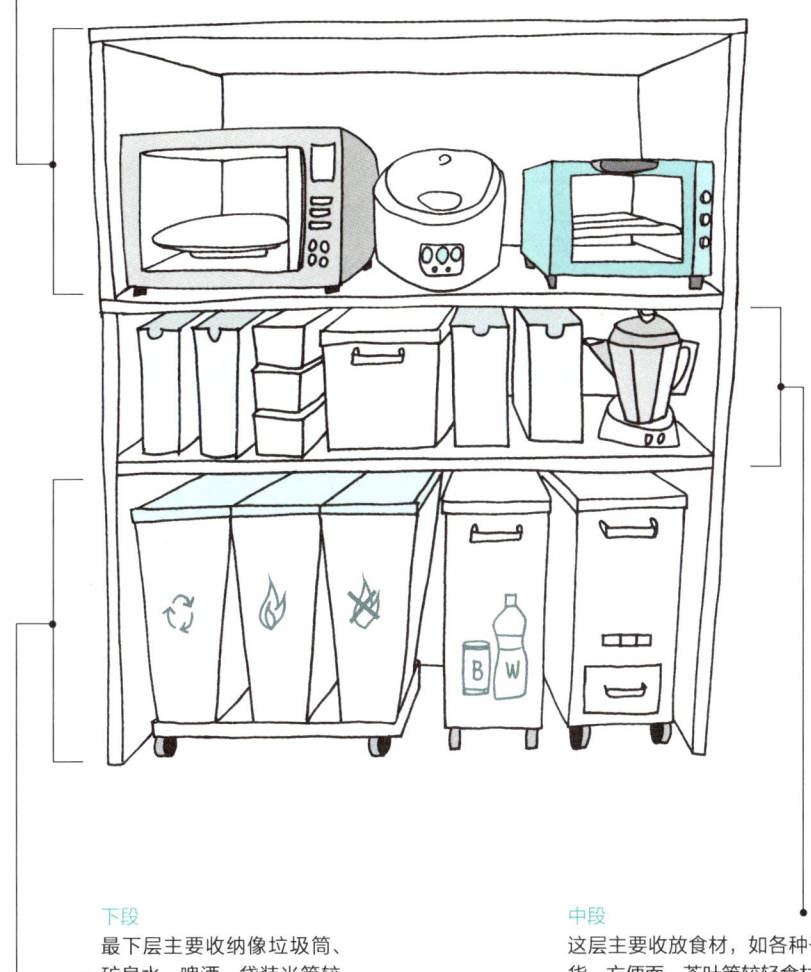

下段
最下层主要收纳像垃圾筒、矿泉水、啤酒、袋装米等较笨重的东西。如在箱子底下安上小脚轮,使用起来则更加方便。

中段
这层主要收放食材,如各种干货、方便面、茶叶等较轻食材。也可收纳瓶装食品、罐头、孩子的零食及不适合冰箱保存的菜蔬等。

> **厨房**
> ---
> 收拾炉灶、洗碗池周边的5个小窍门

1 同类用途的物件应集中归置到一处

如平底锅和食用油、菜刀和菜板、清洗剂和海绵等同类物件应集中归置到一起,随用随取,垂手可得,省时省力。而各种饭锅、平底锅、砂锅等应集中收放到炉灶附近,用起来快捷、便利。

2 为安全起见,不要在高于头顶的位置收放重物

像砂锅、煎锅、较大的汤碗等较重的家什不宜收纳到高于头顶的搁板上。因取用或发生地震时极易滑落,伤及人身。如确要收放到较高位置,一定要固定结实,以免滑落。此外,有棱有角的家什也尽量不要收纳到高处。当然,食品柜及橱架上方也不宜放较重物件。

3 易受潮的食材应收纳至洗碗池和炉灶之间上方的壁柜上

潮湿气体一般聚集在下边，所以，应尽量避免将干货、米、面之类的食材放在下面。此外，洗碗池及炉灶上方也极易积攒湿气，应将食材收纳到免受潮湿影响的炉灶及洗碗池之间上方的壁橱上。

4 给收放在较高位置的收纳盒固定个拉手

有个把手真方便。

调理台上方的壁柜位置都比较高，一般不太好用。不过，如果给收纳盒固定个拉手的话，不仅取用方便，而且"里头"的空间也可得到充分利用。在收纳盒里分别收放方便面或瓶装食材，想用什么，一目了然。

5 充分利用洗碗池、炉灶下面的空间

根据洗碗池及炉灶下面空间的大小，准备一个高矮适中的"门形"收纳架，既可收纳较大的饭锅，也可放置体积较大的清洗剂、调味瓶等。设计合理不仅能充分利用其空间，还可增加收纳量。

厨房
收拾餐具柜、食品架的6个小窍门

1 重叠摆放不同餐具时，不要超过2套

如果将3套不同餐具重叠摆放在一起的话，取用中间或最底下的餐具时非常不便。通常要经过3个步骤：先把最上边的取下来→然后取出所需要的餐具→再把不用的餐具放回原处。费时又费力。而摆放2套的话，一只手拿起上面的餐具，另一只手轻而易举地就取出所需要的餐具，两个步骤就轻松搞定。

2 高脚杯、茶杯要纵向摆放

像高脚杯、茶杯等体积较高的餐具，应按同类器皿纵向摆放成1队。如横向排列，需要后面的器皿时，须把眼前的逐一挪开，费时费力。但纵向摆放，需要哪个，只要一个动作就轻易取出来了。

3 将常用家电放到目光平视的位置

像微波炉、电烤箱等常用的厨房小家电，如果放置的位置太低，烘烤食物时要不断地弯腰低头查看；而放得太高，又要时时抬头踮脚。虽然是一些不起眼的小动作，但久而久之就是造成疲劳的原因。而将其置于目光平视的位置，不仅会提高劳动效率，每天的烧菜做饭也会充满了乐趣。

4 给食品架下面较大的收纳盒上固定上小脚轮

像袋装米、大桶的矿泉水、啤酒桶等较重的东西，应放到带有小脚轮的收纳箱里或放到带脚轮的木板上，如此收纳易取易收，非常省劲儿。当然垃圾箱也可采取同样方法，垃圾也会便于清理。

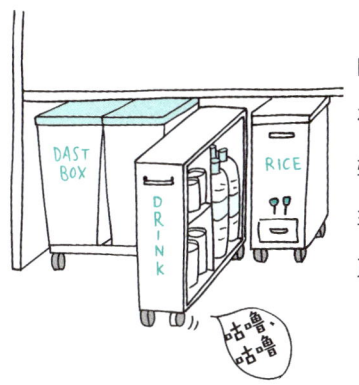

5 即使是同类餐具，也应按日常用和客用分别收纳

如前所述，餐具应分类收放，即盘子集中放在一处，杯子放在另一处。但每天家人使用的应收放至易取易收的餐柜的中段；而客用则应收纳到上段或下段。即：按使用频率适当的调整收纳位置。

6 用胶带纸将厨房小家电的电线固定好

放在厨房里的各种小家电想必电线又多又乱，可用胶带纸将其束好固定起来就不会乱了。

厨房
用品的分类整理、收纳

也可将盘子立放于文件盒收纳

大盘子比较厚重,如摞起来收纳的话,要想取出下面的就很吃力。如立放于文件盒里收纳,则易取易收。但不要塞得太挤。

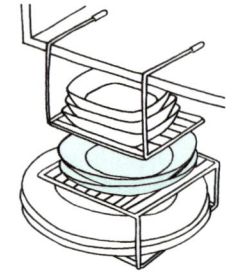

还可在搁板下面按放吊架收纳

在餐柜的搁板上很简单地固定一个吊架,不必拉出来塞进去,收放轻松便利,还可充分利用空间。

马克杯

分类收放到小筐里

家人餐用、客用等按使用场合的不同分别收放到小筐里,一旦需要顺手就可轻易取出来。

饭碗、汤碗

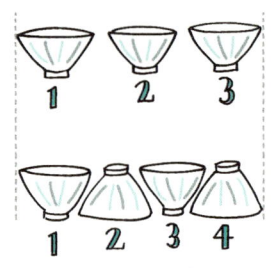

让碗口上、下交叉收纳

类似饭碗、汤碗等开口较大的餐具,把它们的开口有的朝上,有的朝下交叉排列收放的话,会节省不少空间。而全部朝上或全部朝下,则会造成空间的浪费。

平盘、汤盘

如摆放在餐柜里,盘子与搁板之间应留出一拳大小的距离

要想顺利取出底层的汤盘时,应在搁板与盘子之间预留出一拳大小的距离。如塞得太满即使想取出一个,也不得不全部取出来,费时费力。

咖啡杯及托盘

两套为一组摆放收纳

如上图所示,杯子与托盘成套摆放,取出即用,非常方便。而下图的收纳看上去则更具稳定性。

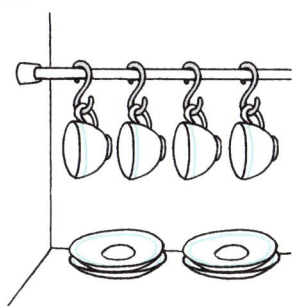

也可将杯子吊挂收纳

在餐具柜里固定一根挂杆,将杯子用"S形"钩吊挂在挂杆上收纳,将托盘摆起来,此法收纳可有效利用空间。

用"冂形"支架分2层收放

用"冂形"支架收纳,可有效利用空间增加收纳量。如将杯子把手按同一方向插空收放,又可节约不少空间。

玻璃杯、茶杯

或摆放,或纵向排成1队

如摆放的话,一般不要超过2个,并从前向后纵向排放;而不易摆放的水杯可使用"冂形"架纵向排列。

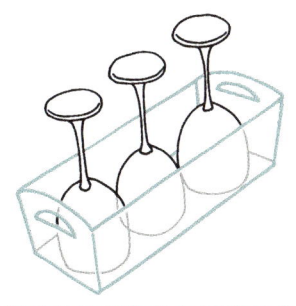

将细长的高脚杯收放到较窄的塑料容器里

把高脚杯集中收放到一个长短适中、较窄的塑料盒里,然后一并将其收纳于餐具柜里。每个盒子都易取易收,并能有效防止杯子的倾斜或碰撞。

也可将"炊具"悬挂于炉灶上方的排油烟机边缘上

在排油烟罩的边缘上,挂上S形吊钩,将常用铲子、勺子之类的"炊具"悬挂收纳,就近取用方便快捷。

还可将"炊具"用S形吊钩悬挂于挂杆上

挂杆固定在炉灶附近的墙壁上,用S形钩将其吊挂起来,伸手可取非常方便。也可用粘钩将个别炊具挂起来。

各种餐具

每天使用的餐具,可集中"散放"

将每天必用的筷子、勺子等餐具或立插于杯子里,或收纳至专用的收纳杯里,并将其置于餐桌上。因为都是每天必用品,不必担心积攒上灰尘。

厨房调理炊具

把"炊具"手柄一端朝下,立插于容器里

"炊具"手柄朝上的话,如果不逐一取出来,往往不知其用途。所以,手柄朝下收放既卫生又便于取用。此外,为防止交叉拥挤,建议用一个开口较大的容器收纳。

也可将"炊具"纵向收放至抽屉里

如将"炊具"集中收放到抽屉里的话,一定要手柄朝里!否则,不易看出哪个是自己所需。抽屉深处可用牛奶盒收纳些零碎物件,看上去清爽整洁,有条不紊。

平底锅

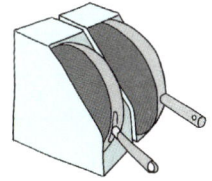

将平底锅立收于文件夹里收纳

建议1个文件夹放1个，取用方便。当然也可放2个，如放3个的话，取用中间1个时就很费劲儿了。

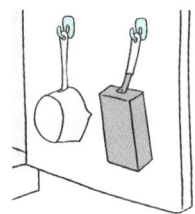

较小的煎锅可挂起来收纳

较小的奶锅或煎蛋锅不易同较大的平锅一起收纳，可将其吊挂于炉灶下方的开门内壁上，用粘贴钩吊挂即可。

汤锅

把锅盖反过来摆放收纳

如图所示，将锅盖反过来，可多个摆放。即使不用门形架，也可多个重叠收纳。

或将餐具分类纵向排列到容器里

将筷子、勺子、叉等分类收放，或按木制、不锈钢制、搪瓷制等分类收放。当然也可按使用频率分别收纳。但不管按哪类收纳，关键还是要纵向排列。如横向排列，靠里的餐具往往不易取用。

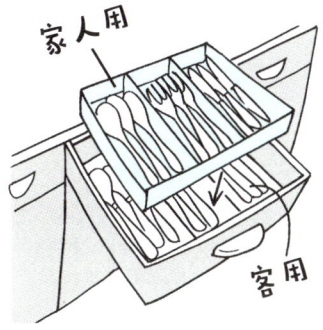

将家人用和客用餐具，在抽屉里分2层收纳

从超市购买大小深浅合适的塑料盒放入抽屉，取用方便的上层收放家人常用餐具，而下层则主要收纳不常用或客用餐具。适时整理常用的上层，看上去整洁又卫生。

每天都用的汤锅或炒勺可直接放在炉灶上

每天必用的汤锅及炒勺等清洗完后可直接放在炉灶上,省去了收拾的麻烦。1、2个锅子看上去也并不显得凌乱。

洗菜盆、漏盆

按大小顺序摞起来收纳

可将菜盆、漏盆分别摞起来收纳,也可将菜盆与漏盆配套收纳。都是洗刷常用容器,可收纳于取用便利的洗碗池下面。

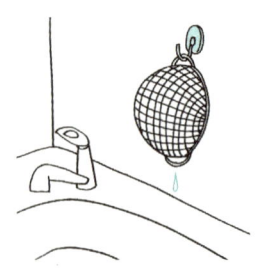

常用漏瓢可挂在洗碗池上方

在洗碗池上方的墙壁上固定一个挂钩,用完后的漏瓢往往还滴水,所以直接挂在洗碗池上方不失为一个收纳良策。

把多个饭锅重叠摆放,只把锅盖立收于文件盒

如果家里饭锅较多,可将锅与盖子分别收纳。把锅按大小顺序摞起来,锅盖立收于文件盒内即可。此法收纳不占空间,收纳量倍增。

将锅盖插入挂杆里收纳

挑选一个各锅基本通用的锅盖,在炉灶下方的开门内壁上固定一个挂杆,可直接将锅盖插入于此,取用方便。

还可将"水果叉"分别收放于制冰盒里

细长的制冰盒非常适合收纳"水果叉"。将手柄带有小动物、花朵及各种造型的"水果叉"分别收放，需要时可有选择地取用。

可用空点心盒收放各种配套小件

此外，还可巧妙地利用附有隔断的空点心盒，用其收纳一些盒饭配套用的小托盘、点心模具等零碎小配件最合适了，注意隔断需清洗后再使用。

也可将配套小件集中收放于百元店出售的工具箱里

附有隔断的工具箱最适合收放盒饭配套用的零碎物品。因其大小适中，可直接收放于食品架的下段。

饭盒及配套小件

腾出1个抽屉，专用于收纳各类饭盒

需注意的是饭盒要立着收放。如上下摞放的话，下面的易被忽视掉。此外，像纸制小托盘、各种调味小袋子、橡皮筋等盒饭常用配套零碎物品，可集中放在不太常用的小饭盒或小罐子里收纳。

将"水果叉"插入塑料泡沫上集中收纳

原本袋装的"水果叉"拆封后不易收放，可将其插入泡沫塑料上，然后放到抽屉收纳，既不凌乱又便于取用。

菜板

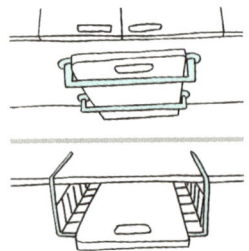

充分利用洗碗池上方的空间

可在壁柜的下端固定2根毛巾挂杆,将菜板直接插进去即可。当然也可将吊架固定在洗碗池上方的壁柜下收纳。

还可将菜板立插于挂杆内收放

在调理台附近的墙壁上固定1根挂杆,将菜板竖着插入杆内。如此收纳既不易倾斜,取用又方便。

垃圾袋

将垃圾袋叠放在垃圾筒的下面

更换新的垃圾袋时也正是扔垃圾之时。所以将新垃圾袋叠放于垃圾筒下面,当收起装满垃圾的袋子时,直接取出底下的替换袋,省时又省力。

密封容器

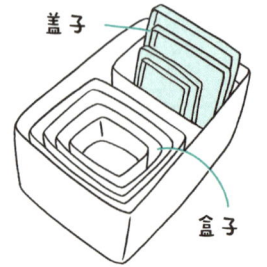

如家里密封盒较多,可将盒和盖子分别收纳

先按大小顺序将盒子摞起来,收放到一个较大的箱子的一端,另一端集中立放盖子。然后将箱子收纳于食品架上。此法收纳比较集中,且占地少。

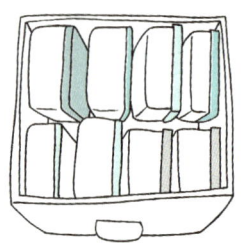

如数量不多,可直接按套收放

如家里密封盒不多,不必分开收纳。盖好盒盖直接放到抽屉里。如此收纳更便于取用。

厨房专用纸巾

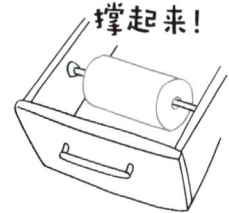

在抽屉里固定1根伸缩棒

如图所示,在较深的抽屉里固定1根可伸缩的专用棒,从纸芯中穿过即可。此法收纳既隐蔽取用又方便。

用粘贴钩吊挂收纳

也可在壁柜底部固定2个粘贴钩,用细绳将纸巾吊挂收纳。此法收纳伸手可得,方便及时。

塑料购物袋

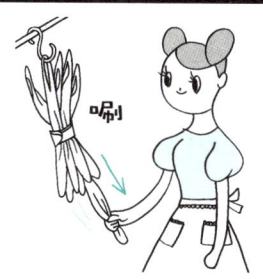

用带子扎成一捆,挂在"S形"钩上收纳

在挂杆上挂上1个"S形"挂钩,将扎成捆的塑料袋子直接挂上即可。需要时随时从下边拽出。根据袋子的长短可有选择地取用。

保鲜膜、保鲜袋

用"冂形"架子空中收纳

在调理台上方的壁柜底部固定1个"冂形"架子,位置的高矮以易取易收为宜。这种"冂形"架在购物中心或超市都有出售。

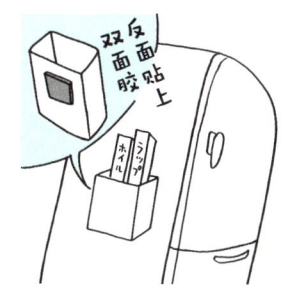

也可将其放入文件夹,并将文件夹粘贴在冰箱一侧

也可用文件夹收纳保鲜膜或保鲜袋,用双面胶将其粘贴在冰箱侧面。此法收纳不显凌乱,取用方便。

将面类食材放到细长的容器里收纳

把挂面类食材放到细长的塑料盒里,并在盒盖上注明盒内食材。如果是方形容器还可摞放起来集中收纳,节省不少空间。

将调味料注明保质期,立放于小筐里

在调味料的外包装上尽量将保质期写得大点,以引起注意。即使开封后,调味料的外包装也不要随手扔掉,上面不仅注明保质期还印有调理方法等,应当适保存好。

橡胶手套

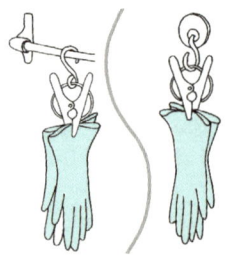

用夹子夹住晾干

将用完的橡胶手套用夹子固定于洗碗池上方晾干,滴下来的水滴直接落在了水池里。

食材

开封后的食材要放到带封口链的塑料袋里

食品包装袋上都印有保质期及调理方法,所以应把带有包装袋的食材放进附有封口链的塑料袋里收纳,既防止干燥又不易受潮。

小袋的食材用夹子固定于盒子边上

已经开封的小袋食材和大袋混放在一起的话,易被遗忘。可将小袋包装的食材用夹子固定于盒子边上,既封了袋口又避免了遗忘,可谓一举两得。

调味料

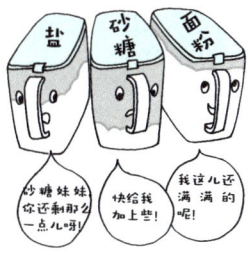

将砂糖、食用盐等粉末状调料放到透明容器里

用透明容器盛放调味料,便于急时补充。因有些调味料颜色相近,为避免用错,建议贴上标签,注明各调味料名称,并置于炉灶附近。

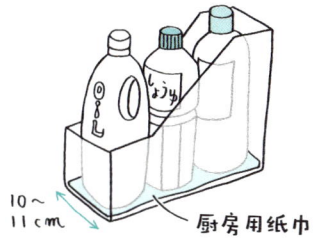

将瓶装调味料收放到大文件盒里

准备一个较大的文件盒集中收放食用油、酱油之类等较大瓶装调味料。并将其收纳于炉灶下方。可事先在盒子里扑上一层纸巾,用来吸附从瓶口顺下来的漏油。此法收纳取用顺手、方便及时。

常用调味料也可摆放于炉灶附近

常用的调味料,可直接摆放在炉灶附近。可将零散的瓶瓶罐罐集中排列到长形托盘里,既美观又便于清理。

抹布

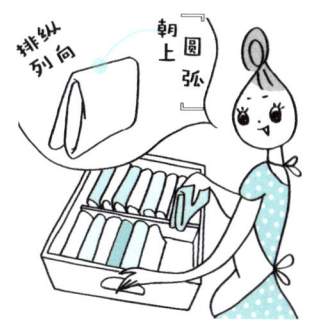

将抹布叠好,纵向排列到抽屉里

如果将抹布横向排列,往往总是取用眼前的几块儿。而竖着并且"圆弧"朝上收放,会大大提高收纳量。

将抹布叠好放到较浅的盒子里,插空塞到柜缝里

也可将抹布卷成卷儿,排放在较浅的盒子里,插空塞到食品柜或食品架上收纳。此法收纳能充分利用空间,取用方便。

衣橱
丑相曝光

衣橱被塞得满满的，想找件衣服真难啊！你是否有过这种经历？

终于发现想要穿的那件了，可又被其他衣物缠绕着，拽也拽不出来！费了九牛二虎之力终于拽出来了，可又被压得皱巴巴的。哪怕是找一件衣服，回回都这么费劲儿？！

NG ✗ 我那件衣服挂哪了！？

衣架上『你拥我挤』挂得满满的，也不知道都挂了些什么。要找件衣服，不得不一件件地扒开，每次都搞得精疲力尽。

NG ✗ 裙子的下摆都皱巴巴的！

盒子摞盒子堆得像个小山包，衣服、裙子的下摆都伸展不开，皱皱巴巴的。本来是为了不显叠痕而特意挂起来收纳的，结果竟成了这个样子，吊挂收纳还有什么意义！

✗ 衣盒上面堆得像个小山包

在衣架下面适当放上几个收纳盒本是有效利用空间，可又随意往上扔满了手提包及穿过的衣服，真担心它时刻滚落下来！

✗ 衣橱门关不上，乱糟糟地全暴露在外面！

收纳盒前面堆了些纸巾盒子，还有各种存货横七竖八堆了一地，有些盒盖子也不知去向。费了半天劲儿也没关上门，没办法，就这样吧！

✗ 衣橱上面的隔板却空空着，白白浪费了空间！

衣橱上面较高的搁板却空空地什么也没放！竟随意扔了些被褥包装袋、空纸箱子等杂物！

衣橱整理要点

把衣服按"悬挂"和"折叠"分别收纳，不易损伤衣物，而且还可提高收纳量且取用便利

如果不管什么衣服都喜欢挂起来，衣架很快就会被挤得满满的，取用极不便利。如将衣服适当折叠收纳要比悬挂起来节省不少空间。要想有效利用衣橱，关键是要把衣服按"悬挂"和"折叠"分别收纳。类似大衣、外套等较长衣服或易起皱的衬衣、裙子之类可悬挂收纳；而像针织衫、T恤、运动衫之类的衣服如悬挂收纳极易拉长变形，则应叠放收纳。

衣橱里悬挂的衣服应适量，一般来说悬挂百分之八十左右较为适宜，以寻找方便、滑动自如为基本原则。如需要的衣服难以取用时，则说明挂得太多了。此外，也可按上衣类、裤子类分别悬挂，这样长短一致，根据其下方空间的大小还可适当放些小型收纳盒等。需注意的是单个收纳盒要比3个一组的收纳盒调整起来简单，更适合衣橱里用，建议最好选用单个盒子。

最后，衣橱上层的搁板可收放些旅行用品或不常用的手提包之类物品。

衣橱收纳示意图

上边的隔板
上边的隔板位置较高,取用不太方便,适合收纳过季物品或目前用不着的东西。如:节假日用品、纪念品或为未来宝宝准备的物品等。将其用又轻、透气性又好的帆布袋子集中收好,如使用带有拉手的箱子,取用则更加方便。

此处可放几个大小适中的盒子,主要收纳配套用的小饰物。如:帽子、围巾、丝巾等饰品。

此处能放几个盒子,应根据悬挂衣服下面的空间来决定。盒内应收放些内衣、袜子之类的小衣物。

挂衣杆
从衣橱的一端,按衣服的长短分别悬挂大衣、连衣裙、外套等。如此悬挂,衣服下面的空间大小长短基本一致,可得到充分利用。

收纳盒两侧的空隙最适合收纳类似熨衣板、旅行箱、高尔夫用具及滑雪用具等较长物品。

此处摆放的收纳盒高矮适中,适合收放常用的手提包等。

衣橱整理的 6 个小窍门

1 按同一方向悬挂衣服，一目了然、整洁有序！

如果悬挂衣服方向不一致，难免"你拥我挤"，也会造成视觉不雅。应该前身面朝左前方依序而挂，衣服也自然方向一致。如此悬挂既节省空间，看上去整齐划一，更便于取用。

2 干洗后的衣服应去掉防尘罩再收纳

干洗后的衣服如带着防尘罩就收放起来的话，是造成衣服发霉、受潮的原因。如担心落上灰尘，可只留肩头部分其余剪掉。此外，为减少晾衣架的积压，每次送衣干洗时顺便将其返还给干洗店。

3 将衣服按长短分别收纳，可大大提高收纳量

将大衣、外套、衬衫等按其长短大小分别悬挂，不仅取用方便，而且是否需添置新衣能心中有数。由于悬挂合理，衣服下面的空间也可得到有效利用。

4 衣箱的前面不要放任何东西

收纳盒或衣箱放到衣橱时或许前面有点空间，如果在此再放点什么的话，一是盒子开关不便，二是橱门也不易关闭。可把衣箱正面与衣橱门缝对齐，以防止物品堆放。

5 纺织衣物应悬挂，编织衣物需叠放

所谓纺织衣服就是用毛、棉等纤维纺织、加工成的衣物，如：大衣、外套、衬衫、裙子等。这类衣物无弹性易起皱，适合悬挂收纳。而编织衣物像T恤、套头衫、毛衣等用线编织的衣物因为有弹性，如悬挂收纳易拉长变形。所以，应叠放收纳。

6 每天要打开衣橱通通风

衣橱的透气性不是很好，天天紧闭橱门是造成衣物发霉、受潮的原因。建议出门或夜间将橱门适当打开，有利于通风透气。

衣橱 —— 物品的分类收纳

裙子

将裙腰两端的吊带挂在挂衣架上即可

把位于裙腰两端的吊带挂在不易滑落的挂衣架上收纳。如果挂衣架上没有防滑功能,可把两端稍用力弯成"凹形"即可。

质地柔软的裙子可轻叠一下收放起来

类似涤纶、人造纤维等质地较柔软的裙子,可大体叠一下收放到衣盒里即可。

腰带

挂在"S形"钩上

准备几个"S形"大挂钩,两条腰带1组悬挂即可。如果硬挂3条,取用时往往较麻烦。

裤子

将裤子折挂于挂衣架上

膝盖部位即使有点皱折别人也不会太在意。所以,从膝盖处折挂于挂衣架上是收纳窍门之一。

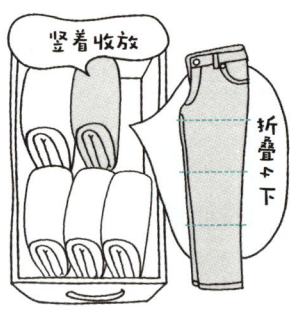

纯棉裤子或牛仔裤可折叠竖着收纳

普通棉布裤子不必悬挂收纳,将其大约折叠4下,圆弧部分朝上立收于收纳箱里即可。但不要上下摞起来,否则取用不便。

披肩、围巾

将其打结系在衣架上

披肩、围巾不要摞放在一起,可松松地系在挂衣架上,既不易起皱,也易选用。一个挂衣架系3条即可。

手提包

成型的包包尽量保持其形状

可将敞开式储物柜横放于衣橱上方,将包包置于每个格子里,收放自如,取用方便。而且,储物柜上面还可放些其他物品。

软质包包可集中到大包里收纳

用布等软材料制成的包包不易成型,可将2~3个小包包收放到1个较大的包包内它也能立放收纳。如此一来,大包可成型,小包又找到"安身之处",可谓一举两得。

领带

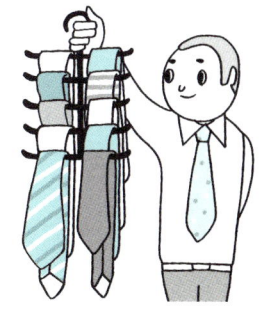

挂在领带专用架上

可在商店购买领带专用收纳架,将领带分别挂于每个支架上,花色图案一目了然,取用方便。

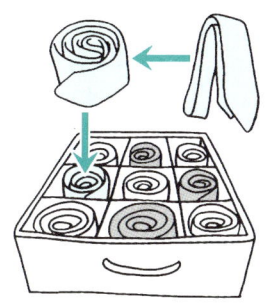

将领带折4下,卷起来收放

先将领带大体折4下,然后松松地卷起来,收放于事先备好的带有格子的抽屉里就OK了。颜色醒目,按需取用,方便快捷。需注意的是,格子有限不要硬塞硬加,以免领带变形影响美观。

壁橱

乱象大起底

咚、咚，一个劲儿地往里扔，难道壁橱成了『吞纳万物的魔洞』？！

不管什么都往里扔，用的时候又拽不出来，不管它了！话虽如此，把里边的东西都倒腾出来，唉！怎么从没见过？！这是怎么回事？！

NG

✗ 不问三七二十一什么也往里扔，里边到底塞了些什么

壁橱里堆得满满的，不管什么东西随意就扔进去。里边的东西也取不出来，久而久之收藏了一大堆无用的垃圾货。

NG

✗ 被什么东西卡住了，关不上门！

收纳盒子、纸袋子还有随手扔的衣物，塞得连橱门都关不上了。乱糟糟的都暴露在外面，好意思让客人进屋吗？

NG

× **挂衣杆上也挤得满满的，终于被压断了！**

壁橱里的挂衣杆上『你推我搡』挂满了衣服，终于承受不住，半夜三更突然断裂，壁橱也被拉出个大洞，悲催呀！

NG

× **被褥上怎么放着个电扇？**

在壁橱上段收纳的客用被褥上，竟然放了些『无处安身』的电扇、电热器等季节性小家电，只顾砰、砰地往里扔……

NG

× **一年打开一次，才发现最珍惜的藏品竟发了霉！**

在潮气聚集的下面竟收纳了些女孩节装饰的偶人、男孩节用的武士偶人、影集及作为纪念品的宝宝服等，结果都发霉、长了黑斑！这些可都是我最喜欢的藏品呀！真是惨不忍睹！

壁橱整理要点

善用壁橱"里头"的人，才能掌控壁橱

曾有很多朋友不解地说："说是壁橱，怎么放不进多少东西呢！？"实际上壁橱的容量大大超出了你的想象。如果把壁橱里的东西全倒腾出来，会摆满一屋子呢！那么，你为什么会觉得放不进东西去呢？其原因就是壁橱"深处"的空间未得到充分利用，而变成了死角！

要想最大限度地发挥壁橱的作用，首先要把壁橱分成"眼前"和"里头"两个空间，这是整理壁橱的关键。使用方便的"眼前"，主要收纳常用物品，如果"眼前"的位置让一些不常用的东西"占领"了的话，取用"里头"的物品肯定就没那么容易了。所以，取用不便的壁橱"里头"应收纳些像电毯、风扇等季节性较强的物品。要想轻松利用"里头"的空间，也可在收纳箱底部安装上小脚轮或给收纳箱安上拉手，如此一来，就能轻而易举地发挥壁橱"里头"的作用了。

此外，壁橱上层的搁板，适合收放纪念品或一年只用1次的祭日用品抑或逢大事才派得上用场的物品。如此一来，肯定能最大限度地利用壁橱这个大空间了。

壁橱收纳示意图

最上层的搁板
此处位置较高不易取用。可收纳些季节性的装饰品、影集、孩子们的作品、纪念品及过季衣物、电热毯、地炉棉被等物品。

上段
这个高度是使用最方便的位置。可收放些平常使用的被褥等卧具。当然也可放置大小合适的收纳箱或收纳杂物的组合式小衣柜。

可将组合式小衣柜置于此处,衣柜后面可立放些像电热毯之类的物品。

下段
可把缝纫机、电熨斗等缝纫用具集中收纳于此处,尽量放在稍靠前的位置,取用方便。而把季节性用的家电或卫生间用品尽量往里放。

将吸尘器立放于壁橱一侧紧靠拉门后面,这样,稍开一下拉门便可取用,收、放两便。

壁橱整理的5个小窍门

1 常用物品应收纳于壁橱的上段并靠眼前的位置

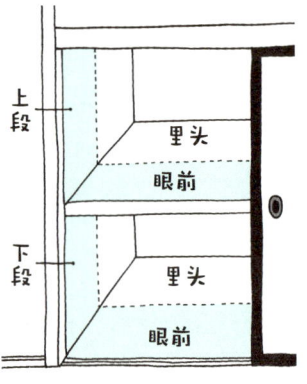

除了将壁橱的空间分为"眼前"和"里头"之外,还有"上段"和"下段"之分。不必低头弯腰的"上段"高度适宜,适合收纳使用频率高的物品;而靠近"眼前"的位置用起来更加方便,应是收放每天必用卧具的固定位置。

2 把纸箱子放到壁橱"里头",可充分利用空间

壁橱的进深一般在80～90公分,即使放上个长45公分的挂衣架,后面还有足够的空间足可以再放上几个纸箱子,否则闲着浪费。纸箱子里可放些不太常用的物品。这样,每个空间都得以充分利用。

3 带小脚轮的收纳箱用起来更方便、省力

要想充分利用壁橱"里头"的空间，使用带小脚轮的收纳箱或带轮子的收纳架最为合适。即使又大又重的物品，如有小脚轮的话就可毫不费力地推进拖出。如此一来，就避免了"里头"的物品不易取出或不知道"里头"放了些什么的无奈。

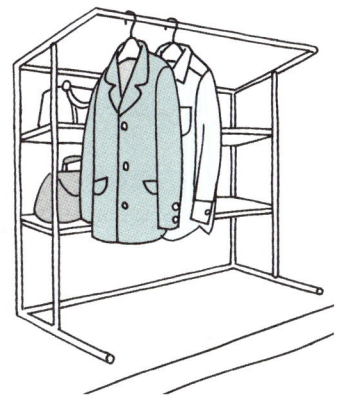

4 在壁橱里放置挂衣架要比挂衣杆安全、稳固

在壁橱那么大的空间里只固定一根挂衣杆收挂衣服常常因过于受重而断裂。而带支撑架的挂衣架要比挂衣杆牢固、稳定得多。且还可根据空间大小适当调整高度，使用随意、简单。如图所示，靠里的位置还带有搁板，尽可充分利用每个空间。

5 壁橱底层易聚潮气，应格外注意

底层原则上适宜收纳与潮气关系不太大的小家电或常用物品。为防潮可使用除湿剂或铺上废旧报纸、竹帘等，并适时开门通风或用电扇排湿，易吸潮的纸箱子尽量不要放在底层。

过季小家电

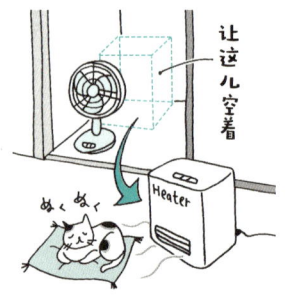

即使小家电"在外工作",也应保留其回归位置

将电暖炉和电扇按前后位置纵向排列收纳,用电暖炉时把电扇挪到前面,空出后面的位置,这样就避免随意乱放其他东西了。

给电扇"穿上个外套"以防灰尘

给清洁后的电扇罩上个塑料袋或用旧浴巾等把电扇头部包起来,用绳子或带子捆扎结实。当然用百元店出售的电扇专用防尘罩收纳起来就更好了。

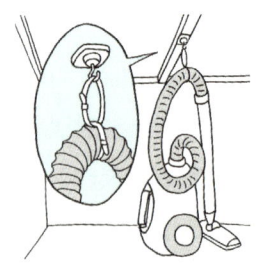

把吸尘器的吸管挂起来收纳

把吸尘器的吸管用带子固定好,然后挂在壁橱带有吊钩的隔板上整体收纳。这样免去了每次取用时再重新组装的麻烦。

壁橱 物品的分类收纳

客用卧具

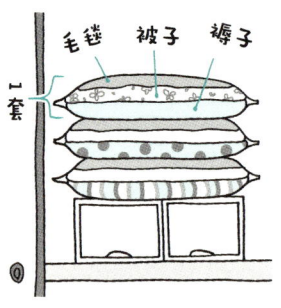

一客一套,按套压缩收纳

如将被子、褥子等分别集中收纳的话,即使来一位客人也不得不把每个收纳袋都打开,费时费力又麻烦。应按一客一套分别收纳为上策。

如只有一套客用卧具,可卷起来立入收纳

将被褥对折卷起来,用绳子捆扎结实,立收于壁橱即可,即使不用压缩袋也解决了问题。

纪念品

准备一个专门收放纪念品的盒子

精心准备一个专门收藏纪念品的盒子，随时整理，无需保留的可及时处理掉，都是自己喜欢的东西整理起来也觉得开心快乐。

孩子的作品

拍照之后，将其收藏于作品箱里

孩子带着自己的劳动成果回家时，让孩子手执作品一起拍照留念，然后将作品放到备好的作品箱里保管好。待箱子满后再有选择地处理掉。因为有照片保存，所以可放心地处理。

或将作品主要部分剪下来，放到影集里收藏

可将作品最喜欢的部分按普通照片尺寸剪下来和手执作品拍的全景照片一并收藏于影集里。既看到孩子的作品，又见证了孩子的成长，会成为美好的回忆。

缝纫用具、电熨斗

将缝纫用具集中收放到储物柜里

先把不易收纳的缝纫用具、电熨斗、松紧带及碎布头等常用物品，集中收放到空纸盒里，然后和缝纫机一同收放于储物柜，并将其置于壁橱的下层。如再给储物柜安装上小脚轮使用起来就更加便利了。

节日用品

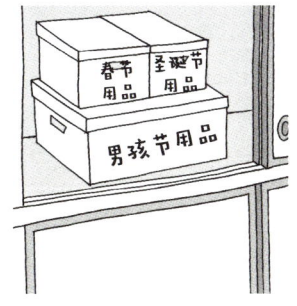

按类分别收纳，并标上内中物品名

按春节用品、圣诞节用品或祭日用品等分别收放在收纳盒里存放，并在盒子上贴上标签，注明内中物品。既取用方便又易于管理。

抽屉
乱象大揭秘

什么都往里塞，找件衣物容易吗？!

原本想找那件要穿的衣服，竟无意中发现了早就遗忘的衣物，而且还不时地蹦出些相似的长筒袜、紧身裤。想用的找不到，抽屉里总是乱七八糟一大堆！

NG ✗ 要迟到了！上班的衣服还没找到！

平时习惯于把衣服上下摞起来收纳，要取出下面的衣服时总是把抽屉扒得底儿朝天。想收拾又怕麻烦，不管了，就那样吧！

NG ✗ 拉开抽屉的一瞬间，长筒袜"嗖"地一下窜出来！

成卷儿的紧身裤、长筒袜鼓鼓囊囊一抽屉，经常是打开抽屉的一刹那，"嗖"地一下窜出来，大清早被它吓了一跳！

✕ 抽屉怎么也打不开，急得抓耳挠腮！

塞得满满的抽屉不知被什么卡住了，怎么也打不开，费了九牛二虎之力总算打开了，可卡住的衣服又被划破了！

✕ 衣服溢在外面关不上抽屉，像什么样子！

抽屉被塞得满满的关也关不上，桌子上摆放的小饰物也失去了意义！如果这个样子，劝你千万不要请你那个他来哟！

✕ 哎！怎么进来小偷了！？

五斗橱的下层敞开着，上边的也关不上，抽屉里乱七八糟一大堆，上下全是衣服，乱糟糟的房间简直就像遭了劫似的！

抽屉如何整理

衣物不要上下摞起来收放，而应将其"竖着"收纳

　　打开抽屉如果一眼就看到要用的衣物，应该说这就是整理的最好的抽屉了。要达到此目标，关键是不要"摞着"收放衣物，而应将衣服叠好立放于抽屉。如果摞起来收放，一是下面的衣服易被忽视，久而久之难免会被遗忘。二是即使找一件衣服也容易翻得乱七八糟，费时又费力。而立放收纳的话，所有衣服一目了然，不费吹灰之力很轻松地就取出来了，一般也不会出现被遗忘的现象了。

　　实际上竖着收放要比摞起来收纳能增加1.5倍的收纳量。建议那些总是把抽屉塞得满满的开关费事的人，不妨试着把衣服全部竖着收放，你会惊讶地发现原本那么难开难关的抽屉竟会变得如此轻松顺畅了。

　　平常习惯于摞放收纳衣服的人，要找件想穿的衣服时，不得不把抽屉里的衣服全部倒腾出来，经常为找一件衣服而"烦死了"。变？还是不变？这将直接影响到今后抽屉的使用方便与否。如果至今还不加以改变的话，凌乱的状况还会与你"形影不离"！还是让我们试着从第一个抽屉开始改变一下吧！

抽屉整理示意图

上段
此段适合收纳手绢、领带、袜子、内衣及小饰品抑或轻巧较小的衣物。

中段
适合收放T恤、衬衫、汗衫、短袖运动衫、毛衣、开衫、连帽衫、运动服等。

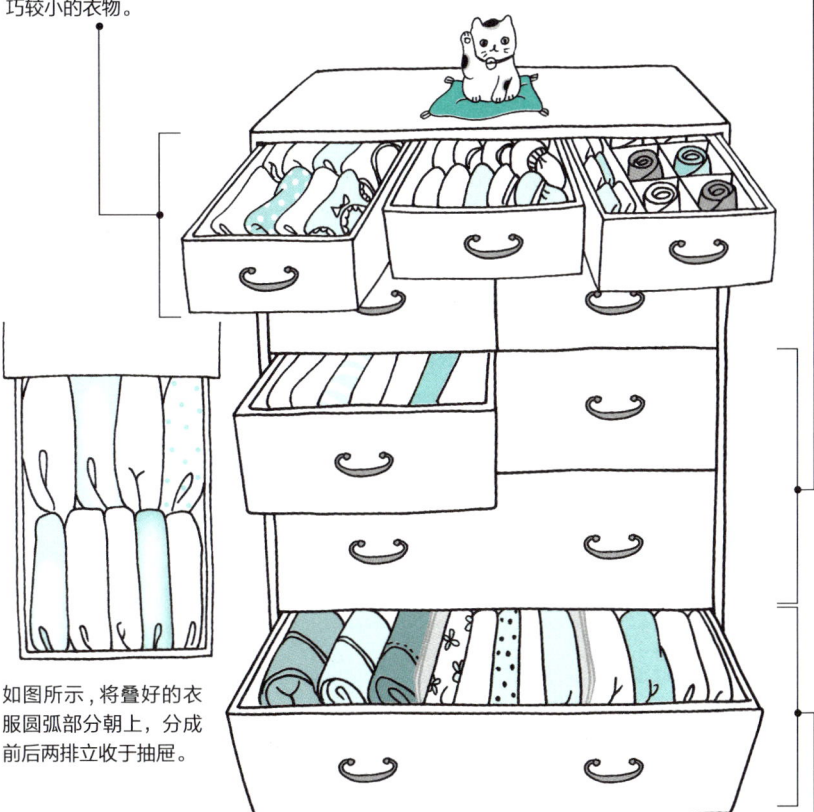

如图所示,将叠好的衣服圆弧部分朝上,分成前后两排立收于抽屉。

下段
此处适合收放类似牛仔裤、工装裤等较厚重的衣物。

抽屉整理的 5 个小窍门

1 一个抽屉收纳同一类衣物,整洁有序不凌乱

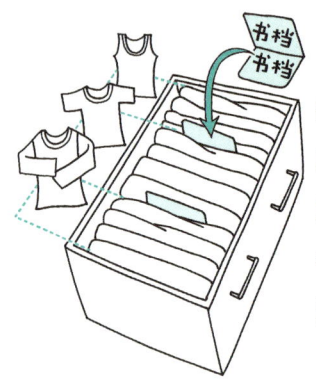

往抽屉里收放衣物时应分类收纳。如紧身裤、长筒袜归置到一个抽屉;牛仔裤、棉布裤归置到另一个抽屉。如要在同一抽屉收放不同类别衣物时,可用书档或硬纸板按类隔开,这样收纳取用两便。

2 在抽屉上贴上标签,取用简单方便

在抽屉上贴上标签,内中物品一目了然。需要什么信手拈来,易收易取、整洁有序,有效防止了乱扔乱塞。哪个抽屉有什么,一看便知,省去了家人找衣服的烦恼。

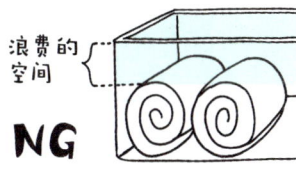

浪费的空间

NG

OK

没有一点儿浪费

3 按抽屉大小折叠衣物，可大幅增加收纳量

要想最大限度利用抽屉多放点衣物，最好的办法是把衣物按抽屉大小折叠成四角形，立放于抽屉里。如此收放上下左右都得到充分利用，大大增加了收纳量。四角形叠好立入收放要比卷起来收纳占空小，看上去还整洁。

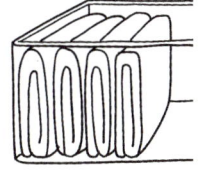

NG "特等座席"较少

OK "特等座席"较多

4 将衣物纵向收放并分成前后两排，"特等座席"会大幅增加

把折叠好的衣物纵向分前后两排收放到抽屉里，这样一来，朝前的一排全成了"特等座席"，不仅取用方便，存放量也相应增加，对于是否添置新的也能做到心中有数。而横向收放只有眼前的小部分是"优先席"，存放量也会相应减少。

轻 ↕ 重

领带　手帕

衬衫　罩衫

裤子　运动服

5 小在上，大在下，轻在上，重在下

抽屉式的五斗橱一般上下好几层。如在上层收放较大或较重的衣物，易加重抽屉的承受力，久而久之衣橱会不堪重负影响使用寿命。所以，应将较小或较轻的衣物收放于上层，较大较重的衣物收纳于下层，如此一来，既安全取用又方便。

长袖 T 恤

❶ 将衣服背面朝上展平

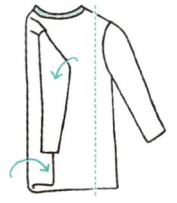

❷ 先把衣服左右两侧按抽屉纵深的二分之一或三分之一对折起来,然后将两袖再折叠一下。

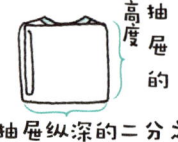

❸ 再根据抽屉的高度,从衣服下摆处往上折叠两下即可。

完成图

❹ 正面朝前,领口部位朝上立收于抽屉即可。

抽屉
五斗橱物品的分类收纳

短袖 T 恤

❶ 将衣服背面朝上展平

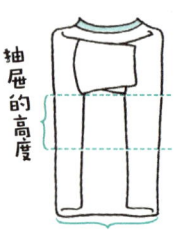

❷ 把衣服的左右两侧按抽屉纵深的二分之一或三分之一对折起来,再根据抽屉的高度从下往上折叠两下即可。

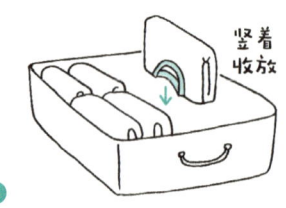

❸ 将衣服较圆部分朝上,立收于抽屉

牛仔裤、棉布裤

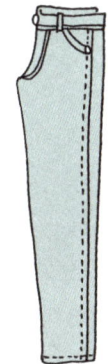

❶ 从拉链处对折起来

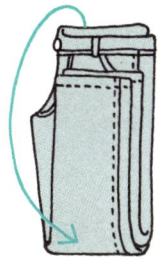

❷ 再从膝盖处对折起来

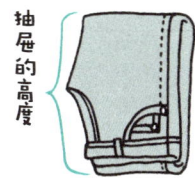

❸ 根据抽屉的高度再折一下,较圆部分朝上收于抽屉

衬衫

系好这两个扣子

❶ 只将最上面的扣子和倒数第二个扣子系好即可

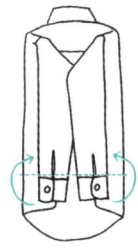

❷ 将衣服背面朝上展平,把左右两侧对折然后叠好两袖,如图所示,再从袖口处往上折叠一次。

抽屉的高度

❸ 按抽屉的高度,从下往上折两下即可。

完成图

❹ 正面朝前,领口朝上,立收于抽屉。

连帽运动衣	毛衣
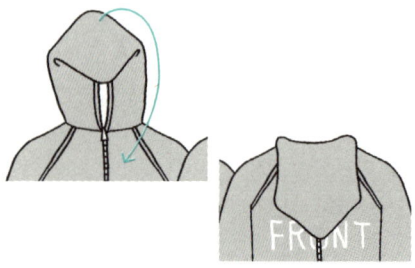	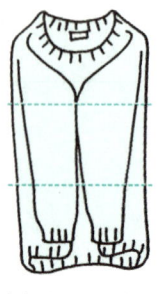
❶ 如图所示，将帽子部分折叠成三角形，并折于前身	❶ 将毛衣前身朝上展平，把左右两侧按抽屉的深对折起来，然后再把两袖对折展平。
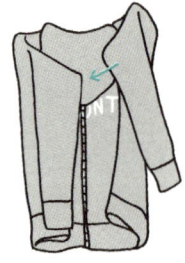	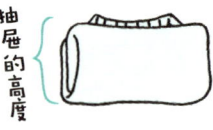
❷ 前身朝前展平，将左右两侧按抽屉进深对折起来，两袖亦对折展平	❷ 按抽屉的高度，将毛衣折叠两下即可。
	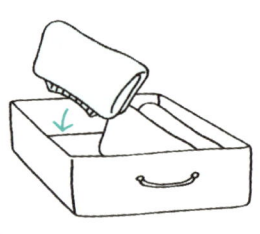
❸ 按抽屉的高度将衣服折两下，较圆部位朝上，立收于抽屉	❸ 较圆部位朝上，立收于抽屉

男式内裤

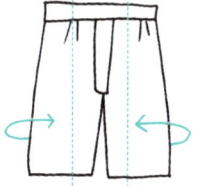

❶
把内裤展平,如图所示,从虚线处向内对折

❷
然后从松紧口附近向下折一下

❸
最后将裤腿处塞入腰间的松紧口内,较圆部位朝上立收于抽屉即可。

女式内裤

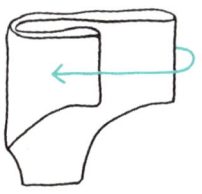

❶
把内裤展平,将左右两侧朝前对折两下

把裆部塞进松口里

❷
再把裆部塞入腰间的松紧口里

又小又平整的四角形

❸
然后将其调整成四角形,较圆部位朝上立收于抽屉

紧身裤、长筒袜

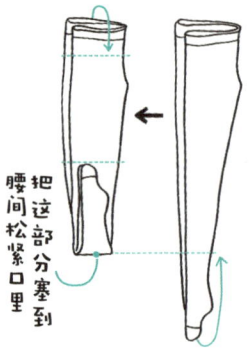

1 如图所示，将两裤腿对折起来，从袜尖开始向上折两下

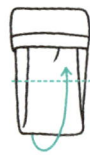

2 将折上去的部分塞在裤腰的松紧口里

3 然后再对折一下，较圆部位朝上，立收于抽屉

文胸

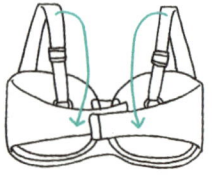

1 将肩带塞入罩杯里

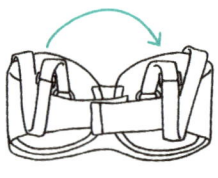

2 然后将肩带和后背带都塞入罩杯里，最后将两个罩杯对折即可，亦可和配套的内裤一同收纳。

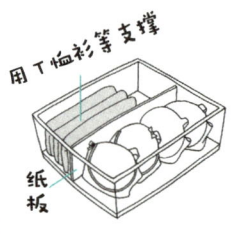

3 为防止罩杯变形，可用纸板隔开收纳，并在纸板后面放几件T恤，以防纸板倾斜。

毛巾

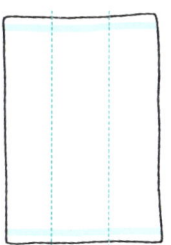

❶ 如图所示,按虚线朝里折起来

❷ 按抽屉的高度再折两下

❸ 圆弧朝上,立入收纳

袜子

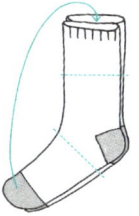

❶ 把两只袜子重叠在一起,脚尖部位朝上折一下

❷ 将袜尖部位塞入袜口里,较圆部位朝上,立收于抽屉

无筒袜

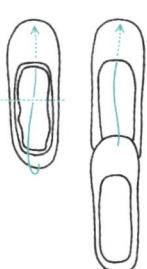

❶ 如图所示,先把一只袜子塞进另一只里

❷ 然后将其对折起来,再将脚后跟塞进脚尖部位,圆弧朝上,立入收纳

洗漱间
乱象荟萃

你的洗漱间是否到处堆得满满的,想用的东西找不到,看上去到处乱糟糟的?

搁架上、抽屉里堆满了免费的样品、打折的清洗剂……,小小的洗漱台上也堆满了瓶瓶罐罐,真是到处充满了强烈的『生活气息』啊!

NG ✕ **4口之家,牙杯里却插着7把牙刷!?**

又是废旧牙刷,又是用完发胶的空瓶子,大同小异的各类化妆品堆满了洗漱台,天天早晨为找东西急得抓耳挠腮!

NG ✕ **仅样品就塞满了一抽屉**

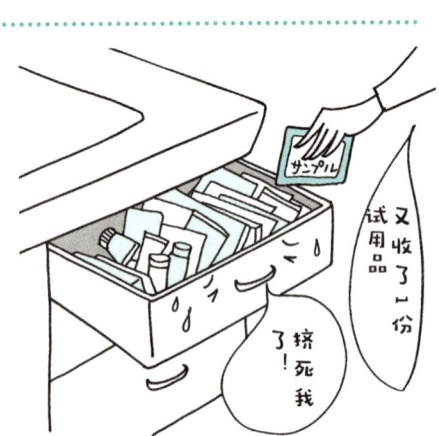

又是免费的试用品,又是旅馆赠送的洗漱小袋……,仅这些样品就把抽屉塞得水泄不通,甚至有的已经积压了好几年了。

✗ 从洗漱台下的柜子里竟清理出一大堆积压货！

洗衣粉、洗发露，还有扫除用清洁剂等不管三七二十一统统都往里塞，到底堆了多少积压货！？

✗ 用完的吹风机顺手乱放，还连着电源，多危险呀！

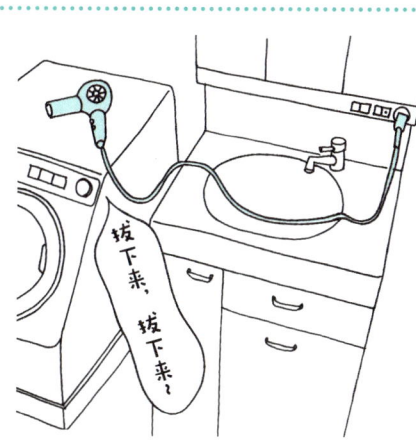

用完后的吹风机也不拔下插头，随手扔在洗衣机上。此类状况比比皆是！

✗ 这种环境能画出美丽的妆容？！

洗面台上散放着好几个开着口的化妆包，用得着的用不着的统统都扔在里边，关也关不上，瓶瓶罐罐一大堆！

洗漱间如何整理

各自管好属于自己的"领地",就会减少凌乱,让你身心愉悦

洗漱间除了具备梳洗打扮的功能,也是洗衣、沐浴、存放卫生洁具的收纳地。在这么狭小的空间里如果把爸爸的发胶和妈妈的化妆品堆在一起的话,急需时不易寻找,难免着急上火。最好的办法是把洗漱台上方的壁柜分配给家人使用,谁用谁管理。比如说,爸爸的用品放在镜子后面左上方的空格里,妈妈的化妆品集中收放到右上方,而家人共用品则集中收放到洗漱台下边的柜子里。如此一来,专人专用各自管理,就会大大减轻妈妈做家务的负担。

另外,洗漱台下面的柜子空间如果不太大的话,就不要收放类似塑料筒、卫生洁具、洗衣粉等不太常用的物品,而应集中将其收纳到储物间去。

此外,洗漱间也是个藏污纳垢的场所,散落的毛发、四溅的牙膏等极易造成空间的污染,杂物越多清理起来也就越难,也就越容易脏乱。所以,洗漱台上最好只放洗手液或香皂。还可将套有塑料袋的空纸盒代替垃圾筒放到抽屉里,随手将碎小垃圾扔到里头,清理起来也方便,既不碍事又不影响美观。

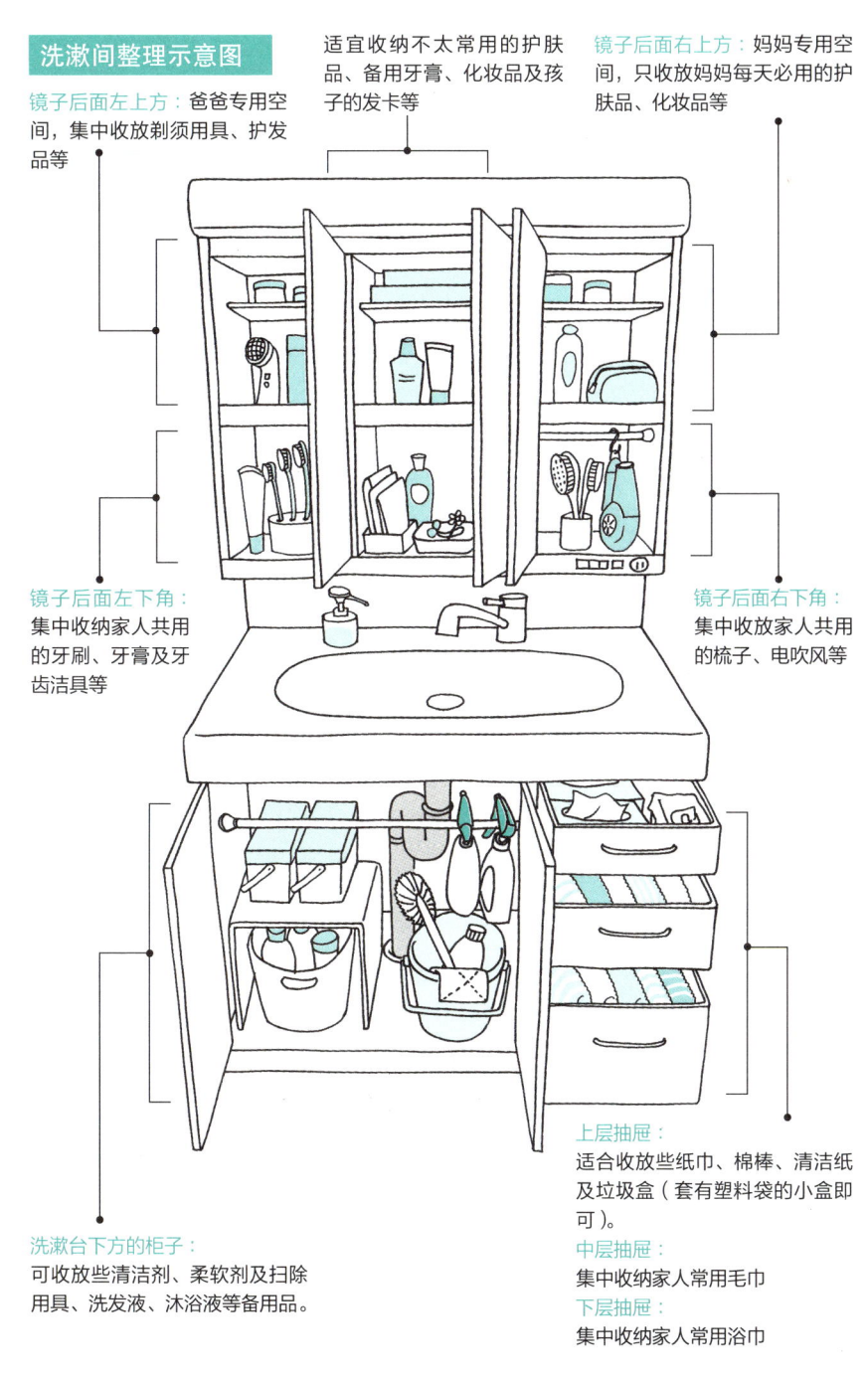

洗漱间整理示意图

镜子后面左上方：爸爸专用空间，集中收放剃须用具、护发品等

适宜收纳不太常用的护肤品、备用牙膏、化妆品及孩子的发卡等

镜子后面右上方：妈妈专用空间，只收放妈妈每天必用的护肤品、化妆品等

镜子后面左下角：集中收纳家人共用的牙刷、牙膏及牙齿洁具等

镜子后面右下角：集中收放家人共用的梳子、电吹风等

洗漱台下方的柜子：可收放些清洁剂、柔软剂及扫除用具、洗发液、沐浴液等备用品。

上层抽屉：适合收放些纸巾、棉棒、清洁纸及垃圾盒（套有塑料袋的小盒即可）。

中层抽屉：集中收纳家人常用毛巾

下层抽屉：集中收纳家人常用浴巾

洗漱间整理的3个小窍门

1 为充分利用空间，可在洗漱台下面安上『冂』架

洗漱台下面的空间虽有一定的高度，但还设有排水管，要想最大限度利用其空间，在此安放『冂』架要比隔板实用的多。建议在排水管两侧各放上一个『冂』架，简单又实用，可大大提高收纳量（注：在日语里门形海獭和门形架是只差一个字的冷笑话）。

海门獭形

冂形架真方便

2 直接用于身体的洁具和其他洁具分开收纳

若将坐便器用清洗剂和备用牙刷等洁具混放在一起的话，总觉着不干净。虽然都是备用品，但也应将直接用于身体的洁具放到洗漱台上方的搁板上，而将其他洁具则应用小篮子或小筐集中收纳到洗漱台下面的柜子里。

3 将『正在用』的，和『目前用不着』的分开收纳

为有效使用空间狭小的洗漱间，应将正在使用的洁具放在隔板上或取用方便的显眼位置。而不要让备用品或不常用的东西占据取用方便的好位置。

化妆品、护发用品

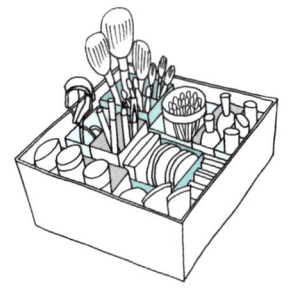

用空盒子将抽屉分成若干个小格子

用空盒子或其他化妆品的盒子将抽屉分成若干个小格子,让化妆品各就各位。这样集中分开收纳,一目了然,取用方便。

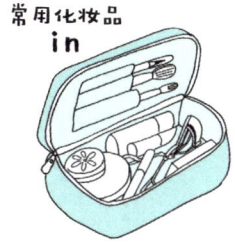

用小包包隔开抽屉

用订购时尚杂志赠送的小包包将抽屉适当分成几个小空间。如化妆品较多可按类收放,否则按使用频率的高低分开收纳。

把发圈套到保鲜膜的"芯"上

如此收纳一目了然、取用方便。因发圈有松紧,即便要取中间的那个也易如反掌。平时可将其收放至抽屉里。

洗漱间物品的分类整理

毛巾

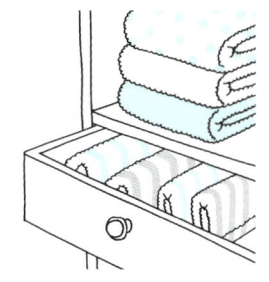

"圆弧"朝上(外),立入收纳

如将毛巾收纳到抽屉里的话,"圆弧"朝上,如果收放到搁板上,则应"圆弧"朝外。如此收纳,取用方便、整洁美观。

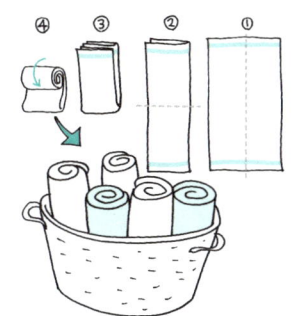

也可将毛巾卷起来,立收于小筐里

如图所示,先将毛巾按步骤折叠,然后卷起来,"旋涡"朝上,立放于小筐里收纳。如果上下摞起来收纳,往往总习惯用上面的几条,易忽视下面的。所以应尽量避免上下摞起来收纳。

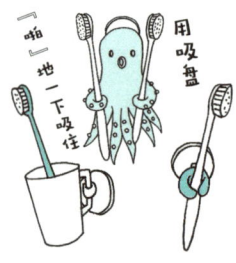

也可用小吸盘粘在镜面上收放

如洗漱台较小没有收放牙具的位置，可用各种图案的带吸盘的小收纳架粘贴在镜面上插放牙具。当然也可粘贴在浴室的镜面上。

吹风机

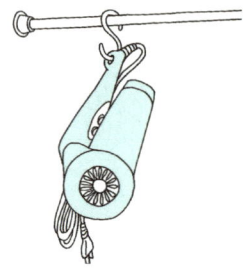

固定挂杆，用"S"形钩吊挂起来

在洗面台上方的搁架上固定根挂杆，用"S"形钩将吹风机吊挂起来。如此收纳不占空间，取用方便。

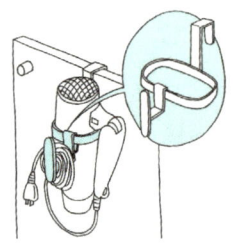

也可用专用挂具，将其收挂于洗漱台下方的开门上

亦可用商店出售的电器专用挂具直接挂在洗漱台的开门上。此法收纳同样节省空间，取用方便。

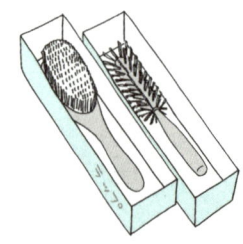

发刷最好收放到保鲜膜的空盒里

发刷最适合收放到保鲜膜的空盒里，然后连盒带刷收放到抽屉里，取用方便、清污简单，可随时更换新的。

牙刷

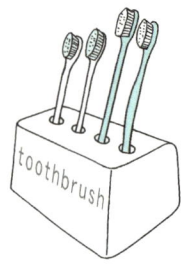

将牙刷插入牙刷座上，既美观又卫生

如果将牙刷扔进杯子放在脸盆旁边，会显得很杂乱。如选用陶瓷、玻璃等外观漂亮的杯子收放，感觉会更加时尚。

也可把扫除用品集中收纳到水桶里

闲置的塑料筒既占地方也是种浪费。可将抹布、刷子等扫除用品集中放在桶里，取用方便。

在喷嘴上注上标记

在带喷嘴清洁剂的喷嘴上用油性笔标明"房间用"、"浴室用"等，从上边看一目了然、清清楚楚，需用什么垂手可得。

晾衣架、挂衣架

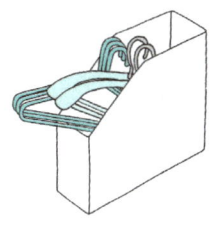

将晾衣架及挂衣架收放在文件盒里

不要把晾衣架随手乱扔，应集中收放于文件盒里，并置于洗衣机附近，取用及时方便。

洗浴玩具

孩子的洗浴玩具集中于网兜里收纳

如图所示，在浴缸或浴室合适的位置，固定两个带钩的吸盘或用两头凹下去的晾衣架，把盛放玩具的网兜悬挂起来。既沥水又收纳，一举两得。

扫除用清洁剂

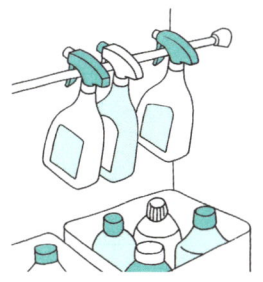

将带喷嘴的清洁剂挂在挂杆上即可

在洗漱台下面固定一根挂杆，将带喷嘴的清洗剂吊挂即可。空中收纳，节约空间，又增加了洗漱台下面的收纳量。

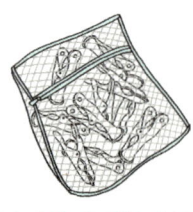

还可将"衣夹"放到洗衣网里,连同要洗的衣服一起收放到小筐里

准备一个专放衣夹的网兜,平时连同要洗的衣服都收放在小筐里。要洗的衣服和"衣夹"随时在一起,省去了很多麻烦。

各种备用品

按用途不同分别收放到盒子里,收纳于洗面台下

将扫除用、沐浴用、护发用等清洁用品按不同用途分别收放,可随时掌握备用品的库存,有效防止积压。如果是袋装则应立入收纳。

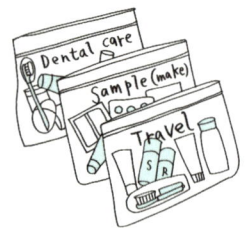

零散的备用品应集中收放到带封口条的小包包里

像外出旅行用的小份包装、化妆品的样品、护齿用品等零散小物,应分别收纳于带封口条的透明包包里,立式于盒子。"旅行专用"可直接收放,携带方便、取用及时。

也可将晾衣架直接挂在洗衣机上方的挂杆上

如果你每天都洗衣服,晾衣架还是直接挂起来取用比较方便。如有晾衣杆或洗衣机上方附带晾衣杆的话,可将洗净的衣服直接挂起来,然后再集中挂到阳台上去即可。

将"衣夹"集中收放到小筐里,挂在晾衣杆上

把易散落的衣服夹子集中收放到带挂钩的小筐里,然后将其吊挂在晾衣杆上即可。随用随取,用完集中收存。

Column

收纳小故事之4

挽回夫妻感情的小故事

在日常生活中,很多问题表面上看只不过是整理房间、收拾屋子的小事。但实际上许多夫妻感情的不合甚至包括孩子的问题,都与家收拾的干净与否有着密切关系。

有这么一对年轻夫妇,因工作关系作息时间极不一致,因而夫妇两人经常各睡一室。不知从何时开始,两口子竟形成了"内部分居"状态。只要一方不在家,另一人便恢复了"自由自在"的单身生活。房间里经常是一片狼藉、垃圾遍地。另一方回来后看着乱糟糟的房间也懒得收拾,久而久之双方开始互相指责起来,夫妻感情也因此不断恶化。首先意识到问题严重性的夫人觉得"再这样下去这个家就完了。"于是,果断调换了工作,作息时间也与夫君一致起来。一心想要个孩子的太太决定乘胜追击,迷恋上了收拾屋子。先从客厅开始逐一打扫整理,不知不觉中夫妻二人闲聊的话题逐渐多起来,并一致认为无论如何也要改变目前这种状况了。以此为契机,小两口团结一心,把一个收放杂物的房间打扫得干干净净,作为未来宝宝的婴儿室,两人的卧室也合二为一。此后,随着盼望已久的宝宝的降生,如今三口之家过得其乐融融。

玄关
乱象曝光

鞋柜里虽塞满了各种鞋子，可出门时又为找不到合适的鞋子而急得搓手顿脚，你有这样的经历吗？

出门为找鞋子着急上火，可一回到家看着门口堆得横七竖八一地的鞋子又束手无策！『玄关』是一个家的脸面，如此囧态，只能给别人留下脏、乱、差的印象。

NG

遍地都是鞋子，连个下脚的地方都没有！

这家到底有几口人？地上怎么堆了这么多鞋子！不仅仅是鞋子多，不会收拾也是个问题！

NG

想穿的鞋子找不到……

只知道一个劲儿地往里塞，鞋挤鞋、鞋摞鞋，不成双、不成对。往往只找到一只，另一只却不知道塞到哪儿了。

NG

✗ **悲催呀！这可是一双牌子货啊！竟发霉了！**

鞋盒子本来通气性就差，再加上鞋柜里又被塞得满满的密不透风则更加闷热，自然成了霉斑的温床。越是放在盒子里保存的鞋子越容易发霉。

NG

✗ **鞋柜上面也是狼藉一片！**

从信箱里取回来的超市促销广告、赠券等随手往鞋柜上一扔，散乱一桌。摆放在鞋柜上的那可怜的小饰物——"狗宝宝"就像被垃圾包围起来似的。

NG

✗ **都是些塑料雨伞，值多少钱！**

伞筒里插了一大堆全是外出遇雨时随手买的廉价塑料雨伞。而且伞中插伞，你拥我挤。孩子的那把小伞不知被压哪了。

玄关
如何收拾

鞋子的收纳也如同衣服一样，常穿的应收放到鞋柜中段，鞋柜的开门及侧面如能适当利用，可大大提高收纳量

玄关处放置的东西除了鞋柜、伞筒及孩子的户外玩具外，也收放一些类似拖鞋、印章、钥匙等零散物品，而且形状各异，用途不一。要将玄关收拾得干净整洁、使用方便，这里面实际上是有一些窍门的。

首先，鞋柜的最基本的使用规则是：常穿的鞋子要收放在取用方便的中段搁板上，春夏穿的鞋子和秋冬穿的是有区别的，不要让凉鞋或一年穿不了几天的鞋拖占据最佳位置。如同按季节更衣一样，过季的鞋子也要收放到不易取用的上段搁板。靠近门口的一侧，可收放些外出旅游用品、伞具等便于出行使用。

充分利用鞋柜不仅仅指鞋柜内部的收纳，还可巧用一些小收纳器具将鞋柜上面、侧面都加以充分利用。在柜门内侧及侧面粘贴上吊钩、挂杆或毛巾架，收放伞具及拖鞋等。在鞋柜上面放一拖盘或小盒子之类的容器，可随手放一些出入家门时随身携带的零碎物件，免得丢三落四。此外，还可根据鞋筒的高度适当调整搁板的位置，也可使用"冂形"架，以减少空间的浪费，最大限度发挥鞋柜的使用功能，提高鞋柜的收纳量。

玄关的整理、收纳

上段
集中收纳平时不太常用物品（如：塑料垫子、户外用折叠椅）或过季的鞋子等。

顶部
可收纳平时极少穿用的婚、丧、祭日专用的鞋子、木屐等。连同包装盒一起放到最上面。

鞋柜上面
把出入家门随身携带的零碎物品集中收放到小托盘里或小盒子等容器里，也可将钥匙挂在鞋柜侧面的吊钩上。

下段
如果此空间高度合适可收放伞具及棒球用具等。当然也可收放折叠伞及孩子们的户外玩具等。

靠近走廊一侧的搁板
这是鞋柜的"特等席"，高矮适中、伸手可取、顺手可收，最适合收放每天穿用的鞋子。

中段
这是鞋柜的最佳位置，高矮适中、取用方便。适合收放经常穿用的鞋子。

鞋柜侧面
可收放随时穿用的拖鞋等。

玄关
整理鞋柜的 3 个小窍门

1. 按鞋筒的高度调整搁板位置,可大大提高收纳量

按鞋筒的高矮,上下适当调整鞋柜搁板的位置,可减少空间的浪费。如此一来,就可增加一层搁板。可到购物中心根据鞋柜的尺寸,订制长短合适的搁板。

2. 为确保鞋柜良好的通风,不可塞得太满

鞋柜很容易聚集潮气,如果塞得太满,阻碍了空气的流通,鞋子就很容易发霉。所以,要收纳有度确保取用顺畅。需注意的是用鞋盒子收纳的高档皮鞋,由于穿着有限,更容易发霉。

3. 在小托盘里放把剪子、在鞋柜附近放个垃圾筒,随时处理 DM

从信箱里取回来的促销广告等,无用的可直接扔到鞋柜旁边的垃圾筒里;也可用剪刀直接将快讯商品广告拆封,是否需要当场决定,减少了凌乱。

玄关
鞋柜的分类整理、收纳

用"Z"形支架收纳，可加倍提高收纳量

此法收纳取用稍微麻烦些，较适合平常不大穿的鞋子或过季鞋子的收纳，常穿的鞋尽量不用此法。

将铁网折成"冂形"架收纳

如将高帮鞋子和低帮鞋子混放收纳的话，会浪费低帮鞋子上面不少空间。可将铁网两端折成适当的高度，有了它一双鞋子的空间可收纳两双鞋了。

鞋子

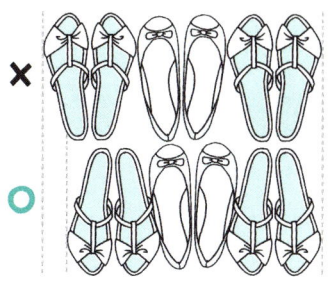

改变每双鞋子的朝向

前掌和后跟宽窄不同，所以，所占面积也不一样。如改变一下每双鞋子的朝向，就能省出一双鞋的空间。

将鞋跟挂在挂杆上收纳

如图所示，在鞋柜两端固定上合适的挂杆，将一只鞋的后跟挂上去。此法收纳比另加一层搁板简单方便得多，还能大大提高收纳量。

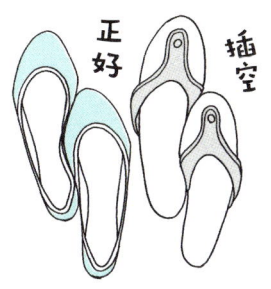

将一只鞋的脚掌靠近前一只鞋的脚心

如图所示，将一只鞋的前掌紧挨着另一只的脚心收放，也能节省不少空间。省出来的空间还可塞双拖鞋。

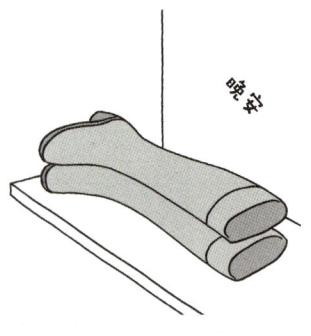

如果鞋柜空间不够高,可将其横放收纳

既可把过季的长筒靴横放到搁板上收纳,也可直接收放到配套的专用鞋盒里。

小孩的鞋用盒子收纳

把小孩子的鞋集中放到塑料盒里要比放在鞋柜里更整洁。如再把盒子摞起来则更节省空间。

伞具

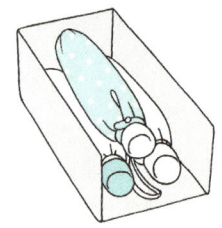

将折叠伞直接收放在盒子里

将用完的纸巾盒等剪掉侧面,很适宜收放折叠伞。当然也可用鞋盒收纳,大小长短正合适。

长筒靴

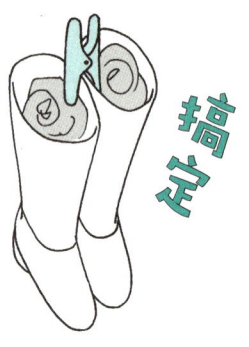

用夹子将靴筒夹住

高筒靴子又长又软,不易直立。如用夹子将两只靴筒夹住就不易倾斜了。也可在高筒靴里塞上报纸,既可防止变形又吸潮防霉,一举两得。

把折叠伞挂在鞋柜门内侧

在鞋柜门内侧粘贴上带吸盘的挂钩,将伞吊挂起来。空中收纳既节省了空间、取用方便,又防止了急用时找不到的无奈。

拖鞋

形状正好

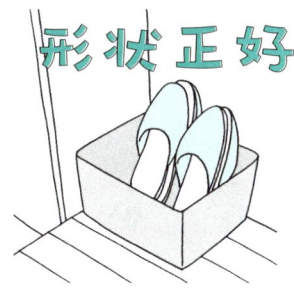

收放在盒子里

最好选用方形盒子收放，适合放在走廊拐角处，既不碍事，穿用又方便。

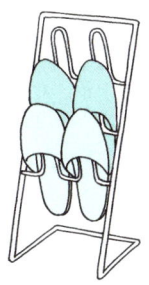

也可用塔式拖鞋专用收纳架

在空间狭小的玄关，摆放个塔式拖鞋专用架收放拖鞋，不占空间，也是个不错的选择。

把拖鞋插入毛巾杆里收纳

还可在鞋柜外侧固定上毛巾杆收放拖鞋，此法亦不占空间，特别适合玄关狭小的家庭采用。

挂在毛巾杆上

在鞋柜的一侧固定1根毛巾挂杆，将伞直接挂上去。当然也可巧妙地在鞋柜里或柜门内侧固定毛巾杆收挂伞具。

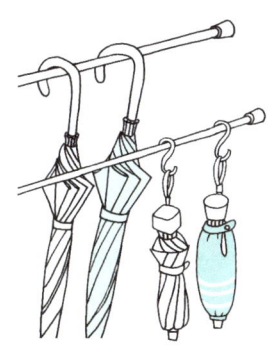

用"S"形挂钩把伞挂在挂杆上

在鞋柜里固定1根挂杆，将伞悬挂收纳要比插在伞筒里方便得多。特别是儿童用伞，伞柄较短，插到伞筒里不易寻找，更适合悬挂收纳。

孩子的户外玩具集中收放到塑料桶里

像孩子玩沙子用的户外玩具常沾有泥土,可将其集中收放到能直接用水冲洗的塑料桶里,又因其带有把手,移动方便。

或将户外玩具放到布兜里,悬挂收纳

户外玩具集中放到布兜里,挂在鞋柜侧面的挂钩上收纳。布兜易清洗,而且和孩子外出时可顺手提上就走。

形状正好

把足球收放到小盘子上

可将足球收放到小盘子上,也可收放在用一次性筷子捆扎的四角形支架上。如此收纳可有效防止足球到处滚动。

钥匙、月票、手表等

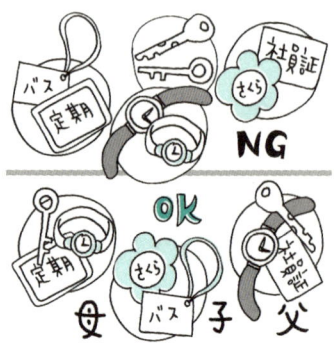

零碎物品按使用者分别收纳

把钥匙、月票、手表,孩子入园、上学佩戴的胸章及外出时携带的零碎物品,集中收放在鞋柜上面的托盘或小盒里,取用及时、方便。建议按使用者分别收放,自己的东西自己管理,取用随意,不易遗忘。

儿童玩具

用带盖子、又可摞叠收纳的容器

用带盖子的容器收放玩具既干净整洁,又可上下摞起来收纳,很适合玄关狭小的家庭采用。当然最好选用较大的、又结实耐用的容器。

第 4 章

把老公和孩子"培养"成收纳高手的小窍门

> "快去收拾!""又弄乱了!"尽管你一天到晚唠叨个不停,他们既不会帮你收拾一下,更不可能自己主动去整理。要想把他们的积极性调动起来与你一起收拾的话,这可是有许多小窍门的。

Family

老公、孩子"作相"曝光

面对老公、孩子们的乱扔乱放,「快收拾收拾!」一天到晚你得提醒他们多少次?!

从早到晚跟在他们后面不停地收拾累得精疲力尽。面对家人没完没了的『妈妈,我那个什么在哪?』早已无可奈何。难道这一生就这样跟在『懒』丈夫和『熊孩子』后面收拾一辈子?

NG

✗ **捡着老公边走边扔下的衣服,直气得泪眼婆娑!**

看着客厅的地板上、沙发上到处随手乱扔的保暖衣、衬衫、西服等,真想大喊一声『我不是你的家庭保姆!』

NG

✗ **早餐的准备竟然是从收拾餐桌开始!(泪奔啊)**

餐桌上摆的乱七八糟,老公的手表、钱包、手机、杂志等堆了一桌子,总是为了这些事吵架,也懒得提醒他了。

✕ 孩子不会收拾也是妈妈的错？

客厅里扔得到处是玩具，虽不断地提醒孩子『先把这些收拾起来再玩儿别的！』可是孩子一点儿也不听！

✕ 刚刚把玄关收拾干净，一会儿工夫就……？

老公、孩子一进门，公文包、书包、鞋子就扔得到处都是！辛辛苦苦刚把玄关打扫干净，还摆上了鲜花，哎！这下又白费劲儿了……

✕ 天天为找东西的声音不绝于耳，听得耳朵都起老茧子了！

每当听到又找东西的声音时，就忍不住吼：『各人都管好自己的东西！』可一旦给他们收拾好，就又落埋怨：『别随便乱碰别人的东西哦！』

Family
和家人一起整理、收拾

和家人好好沟通，制定 3 条收拾屋子的基本规则

一个人过日子房间里脏也好乱也罢，都是自己说了算。但是，一旦结了婚成了家，就不能再"我行我素"了。也许你会埋怨："总是我一个人收拾""没一个来帮帮我的""看着他们弄得那么乱，真烦死了！"今天我就给你出个好主意，这就是：把你老公和孩子也"培养"成收纳达人的 3 个小贴士。哪怕他们只做到了一条，你本人、你老公及你家人一定会渐渐发生变化。

建议 1：自己的东西自己管理

自己的东西原则上自己管理。乱扔也好，丢失也罢，也就是说不论是丢失还是损坏，他自己都没有怨言。让他们意识到：自己的东西丢失或损坏都是自己的责任。有了这种危机感就是一种进步！

建议 2：房间再小，也要"挤"出一个只属于他自己的空间

虽无法保证一人一个房间，但哪怕一个抽屉或一层搁板也可以，尽量给每人"挤"出一个只属于他自己的专用空间。

建议 3：全家人共同制定一个最基本的收纳规则

就如何管理好自己的东西，全家人不论大人孩子共同表决制定一个最基本的收纳规则。大家共同做出的决定，人人必须遵守，这是很重要的。

3个小贴士让你的家人都加入到收拾屋子的行列！

建议 1

自己的东西自己管理

家里的东西一旦乱了很不好收拾，找点东西费尽周折。因为有过这种经历，所以，就会萌生自己的东西自己管理的意识。

建议 2

房间再小，也要"挤"出一个只属于他自己的空间

让家人实实在在觉得这是一个只属于自己的"地盘"，有了这种意识，他就会珍惜这个空间、珍惜收放在那里的东西，就能逐渐学会管理自己的东西。

建议 3

全家人共同制定一个最基本的收纳规则

比如说："客厅的整理由妈妈负责"或者"替换下来的脏衣服不放到洗衣筐里就不给洗"等。人人发表意见，共同表决。家人就会觉得我们自己做出的决定，就必须去遵守。让家人具有这种意识是非常重要的。

Husband 和老公一起整理、收拾

为老公"挤"出一个他自己的专用空间，你的"工作量"一下子就减少了！

实际上为老公"挤"出一个他自己的专用空间要比给孩子提供一个房间重要得多。之所以这样说，是因为老公有了属于自己的专用"地盘"，就会实实在在感到自己受到重视，而会为家人拼命工作，赚钱养家，同时还会增加对妻子的关心和体谅。但实际情况是，很多家庭能为孩子提供一个房间，却没有为老公"挤出"一席之地。也许单独为老公腾出一间屋子不太现实，但至少能为他"挤"出一块儿属于他自己的"领地"吧！下面有3个小贴士可为你老公"挤出"一个属于他自己的专属领地。

贴士1：腾出房间的一角，作为老公的专用空间

在卧室或和式房间的一角，设置一个老公"专用之角"，摆放上一张小桌。基本原则是：妻子不插手放在这儿的东西。

贴士2：分一半儿壁橱，专门收放老公的东西

壁橱里再乱关上门什么也看不到了。建议分一半儿空间专门收放老公的东西，半个壁橱的空间足矣。

贴士3：腾出一层搁板或找个空纸箱子专放老公的东西

关键是在客厅或与客厅相邻的房间，总之是在老公习惯"呆"的地方，放上一个盒子。如此一来，既可随手取也可顺手放，避免了随处乱扔乱放。

如何为老公"挤出"一个专用空间

根据家的房间布局及空间大小,为老公开辟一块专用"地盘"

在房间的一角,为老公设置一个专用空间

在房间的一角摆放上一张大小能容纳一台电脑的小桌即可。在小书架上专门收放老公喜欢的CD、DVD、杂志、书籍等。使狭小的空间变成一个"迷你书斋",让他觉得这里是他的"地盘",使其萌生"自己的东西自己管理"的意识。

将壁橱的一半"让"给老公,专门收放他自己的东西

如果家里只有一个大壁橱的话,可"割让"出一半,专为他用。如还有一个小壁橱的话,不妨全"让"给他,既作为他的专用衣柜又可集中收纳他自己的零碎物品。当然这是最理想的状况。

腾出一层搁板或一个纸箱子专放老公的东西

在老公习惯坐的位置附近,放上个纸箱或小筐,专门收放老公的东西。放什么?怎样用?全由老公自己决定,自己管理。如此一来,能有效防止随手乱扔,房间里看上去也整洁干净。

Husband 让老公成为收纳达人的5个小窍门

1 老公的东西不要主动去给他收拾

如果妻子总是帮老公收拾这收拾那,久而久之老公就会失去自己的东西自己收拾的意识。当看到老公随手乱扔东西时,作为妻子的你只需帮他放回到他的专用空间即可,千万不要再帮他整理,是否需要整理让他自己决定。

2 固定一个『地方』专收放老公的物品

与老公专用之角不同,在共用空间"制造"一个专放老公物品的地方。比如说,在卧室里放个专放睡衣的筐子或在洗漱间的壁柜镜子的后面,给老公腾出一个专收放他自己东西的空格等。用完的东西定要放回原处,久而久之就不会出现乱扔乱放或丢失等现象了。

3 老公的东西不要随意丢弃

某件东西对于妻子来说可能是无用之物,但对你老公来讲也许是个无价之宝,随意把它扔弃往往会成为夫妻二人吵架的原因。如果你真想把它扔了的话,不要说:"把它扔了吧!"而要以征求的口吻这样问他:"这个怎么办啊?"如此一来,老公就会意外地很爽快地回答:"扔了吧"或"不要了"。

4 让孩子『劝』爸爸扔掉

作为父亲如被儿女都嫌脏或受到孩子指责时,才会认真起来。同样,当你要处理老公的旧衣物时,与其你唠叨100遍"快扔了吧"。不如让女儿说一句:"爸爸,这件衣服真不适合你呀!"来的有效果。

5 老公的建议至少采纳一条

在全家共同表决制定的收纳规则里,至少采纳1条老公的建议,这样会带动全家人共同遵守。作为丈夫因为其他家人都尊重自己的方案,也会自觉遵守其他家人提出的建议。而且对于遵守规则的老公,作为妻子的你也应及时给予必要的表扬。

Children
和孩子一起学收纳

为孩子提供一个适合其年龄段的活动场所，既不打乱房间布局又便于清理

孩子的活动场所是随着孩子的成长不断变化的。为孩子提供一个符合其年龄段的活动场所，有助于让他们从小学会整理、收纳，养成自己的东西自己管理的好习惯。首先，我们把孩子的儿童期一直到小学高年级这段时间分为三个阶段。然后，让我们就为这三个不同年龄段的孩子们创造一个属于他们的"儿童之角"吧！

"哺乳期" 在妈妈最方便照料孩子的附近位置，放上一个带有多层搁板的收纳架，用来收放尿布及其他儿童用品等。儿童玩具宜收放在易取易收的地板上或收纳架的下层。

"幼儿~10岁" 到了这个年龄段，孩子的学习、玩耍场所应适时分开进行，但还需要妈妈不断地提醒、照看。所以，应在餐桌附近摆放一个收纳架，集中收放孩子的书包及与幼儿园、学校有关的物品。此外，把与餐厅相邻的房间作为孩子的玩耍场所，放上收纳架，专门收纳孩子的玩具或其他儿童用品等。

"小学高年级阶段" 到了这个年龄段，应尽可能为孩子提供一个房间或至少在客厅或餐厅一角，放上一张桌子或摆上一个收纳架，作为孩子的专用空间。建议把与学校有关的物品和玩具分开收放到不同的架子上，也可收放至不同层次的搁板上，便于孩子自己使用、自己管理。

如何打造儿童空间

为孩子们打造一个适合他们成长的空间

哺乳期

在客厅的一角为孩子们开辟一块"游戏场地"

婴儿用品集中收纳
将尿不湿、卫生纸、塑料袋等集中收纳到一个带提手的小篮子里,可随时随地更换尿布,取用方便。

用拼图垫子"拼出"一块儿活动空间
用拼图垫子"拼出"一块儿空间,使孩子懂得拼图垫子就是他的活动范围,就会自觉地在这个空间里嬉戏、玩耍。

将杂物集中收放到纸箱里
准备几个干净的纸箱子,集中收放孩子的衣物及尿不湿等儿童用品。当然,亦可用布制的收纳袋或小筐子,既美观又实用。而纸箱下段亦可收纳玩具等。

幼儿 ~ 10 岁

在餐厅与相邻的房间为孩子营造一个"儿童之角"

在与餐厅相连的房间里摆上一个收纳架，专门供孩子收放玩具。在餐桌上学习、在隔壁房间里玩耍，有效防止了学习用品与玩具的掺杂混放。

在收纳架侧面粘贴上挂钩
在收纳架的侧面粘贴上挂钩，把小帽子、小布兜挂起来。

在餐桌附近摆放上个收纳架，开辟出一个学习之角。用空点心盒等容器收放零碎物品，看上去整洁有序。最下面一层专门收放书包，免得到处乱扔乱放。

小学高年级阶段

以写字台为基准,为孩子开辟一个"专用区域"

"写字台"宜选用款式简单的桌子
学生用"写字台"并不是所谓的功能齐全的"办公桌"。款式简单的桌子对于中学生、高中生来说最合适,既经济又耐用。

学习用品和玩具分别收放
教材、参考书、本子等学习用品要和玩具分别收放至不同搁断的储物柜里,教材和漫画及连环画等不宜混放在一起。

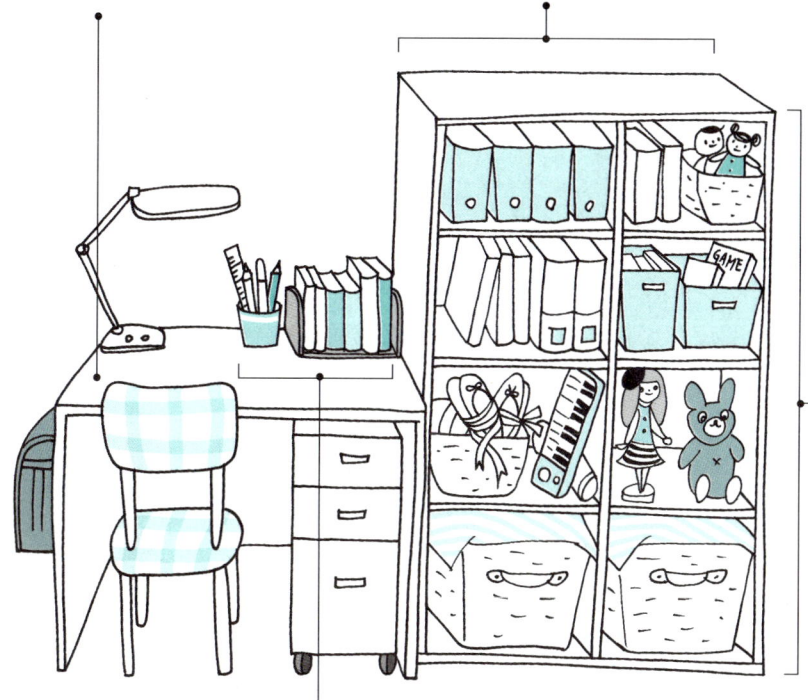

写字台上只摆放"常用品"
为集中精力学习,写字台上最好不要乱放与学习无关的东西。建议只放些教材、笔记等"常用物品",其余都收放到旁边的储物柜上。

玩具一定要放在固定的位置
要让孩子知道这个收纳架属于他自己专用。放什么?处理什么?都由孩子自己决定。3、4层的收纳架高矮适中,取用方便,最适合孩子使用、管理。

Children
让孩子成为收纳达人的5个小贴士

1 不要笼统地对孩子说：『去收拾干净！』

实际上小孩子对"收拾"这个词是不太理解的，他们不明白把玩具放到哪里才算"收拾"呢？所以，要具体地告诉孩子"把玩具放到箱子里"，"把连环画放到书架上"……。也就是说要具体地告诉孩子"把什么？放到哪里？如何做？"这才是最关键的。

2 孩子2岁时，要教给他『物归原处』

"把玩具放回到原来位置"这是孩子应掌握的最基本的收拾能力。首先和孩子一起把小汽车、绒毛玩具、连环画等进行分类，然后和孩子一起决定每个玩具的收放位置。告诉孩子"从哪儿取出来的，用完后一定要再放回原处。"如此反复几次，孩子就渐渐记住了每个玩具的收纳位置。

138

3 孩子到了5岁，要让他理解什么叫「适度」

"玩具车只能放在这个箱子里"，"连环画只能放到这个书架上"等，玩具不仅要分类，而且还要让孩子自己决定该放多少。放不进去了，怎么办？是取出其他的塞进这个？还是……让孩子学会如何适度收纳。

4 启发孩子：「需要的东西」就是目前用得着的东西

无论你怎样提醒孩子"把不要的扔掉！"，而得到的回答是"都要！"。所以，不要笼统地问孩子"要"？"还是不要"？而是告诉他把那些现在玩儿的玩具和不玩儿的分类，然后再提醒他只把经常玩儿的玩具放回到玩具箱里，那么其他的玩具如何处理就很清楚了。

5 让孩子自己将玩具分类，并决定其收纳场所

孩子3～4岁时，通常是大人们帮他们收拾玩具，从5岁左右直到上小学后，孩子就自然地有了自己的收拾方法，如果收拾得不当或收拾的场所不合适，应予以适当的提醒，让孩子自己去思考。千万不要把大人的做法强加于孩子。

各种书籍

用"冂"形的书档将各种书籍分类收放

如果孩子的各种图片较多,建议用书档分类收纳,一是图书不易倾斜,二是孩子取用方便。可以将书档朝前面放倒使用,这样收放图书时便不会剐蹭到书档底部。

用玩具代替书档

可用玩具代替书档,既不用特意花钱购买,又适当收放了玩具,可谓一举多得。

封面朝前摆放,孩子取用方便

此法摆放图书又清楚又整洁,只摆放孩子经常看的书或"想让孩子看的书",其余的都收放到大人用的书架上。

Children
孩子用品的分类收纳

照片

将孩子的照片分别存放

把孩子的照片分别存放的好处是,将来他们长大成人建立了自己的爱巢,可随时带走各自的影集。照片资料保存在CD及DVD上,并注明拍摄时间及相关内容。

将照片按年度1年1本分别保存

限定1年1~2本影集,并用签字笔注明如:"2012年上半年"。并且将照片与相关资料存放在一起。如此存放,照片与配套资料就不易散乱。

孩子入园用品

入园用品集中收纳

在不带搁板的衣柜里固定上一根挂杆，集中悬挂孩子入园衣服。也可在衣柜外侧粘贴上挂钩，专门收挂孩子入园的小帽子、包包等物品。

孩子的"尿不湿"

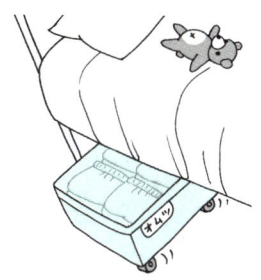

将收纳尿不湿的"小车"推至床下

将孩子的尿不湿按套叠好，收到带有小脚轮的收纳盒里，然后将其推到床下。如此收纳，取用及时方便快捷。

备足1~2天的用量，和手纸一起收放至小筐里

将尿不湿及手纸集中收放到带提手的小篮子里，便于随时随地给孩子更换。为美观、卫生起见，也可给小篮子做个"罩衣"或盖上块儿漂亮的"遮羞布"。

常用衣物

收放到小衣柜里

准备一组适合孩子收放衣物的小衣柜，不要太高太深，抽屉应开关顺畅，并在每个抽屉上清楚标明收放的衣物。

旧衣物的处理

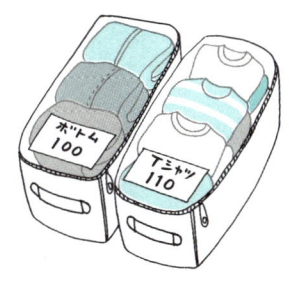

按类别及大小号收放

将衣物按类别及大、小号分别收纳于用不织布做的收纳盒里，这种盒子上面透明，内装衣物一目了然，收纳简单实用。

纸类玩具

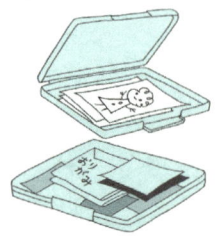

可收放在半透明的盒子里

类似折纸及绘画专用纸等,最好按不同用途分别收放到 A4 大小的文件夹里,然后将其立收于书架上。如此收纳,既不易起皱,也不会损坏。

迷你玩具

采取"盒中盒"方式收放

将收放迷你玩具的小盒子再放到大盒子里。这样收纳不占空间,整洁且不凌乱。孩子想玩时随时取出,即可玩耍。

玩具娃娃的配套小饰品

将其收放到小包包里

将与玩具娃娃配套的小鞋子、项链、手袋等小饰品集中收放到小包包里,以免散乱丢失。

迷你玩具车

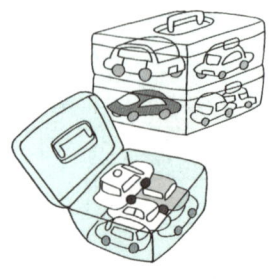

集中收放到透明塑料盒里

将迷你玩具车集中收放到百元店出售的小工具箱里。如玩具太多,可用数个工具箱摆叠收纳。由于塑料工具箱透明又带有提手,移动非常方便。

毛绒玩具

收放到较大的筐子或篮子里

准备一个带把手的,孩子能轻松收放玩具的大筐子或篮子,将毛绒玩具集中收纳于此,当然布制的大袋子亦可。此法收纳,容量大,易移动。

玩具小火车

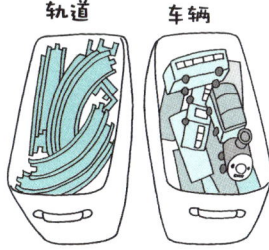

将轨道和车辆分别收纳

将玩具火车的轨道和车辆分别收放至两个较大的盒子或抽屉里。其好处是：想找的东西一目了然，清清楚楚，组装快捷，省时省力。

拼图

为防止丢失，在拼图后面做上标记

在每块小图片的反面做上标记，同时，也在收纳盒上做上相同的记号，并在盒子盖上粘贴完成图，把拼图板放在纸袋里收好。这样即使有多套拼图，也不会混淆。

小贴图等零碎物品

将其收放至带封口链的透明塑料包包里

普通的封口小包包孩子们用起来很不方便，准备几个图中所示的拉链式的封口塑料包包，将小贴图及赠品等分别收纳。

孩子"过家家"的玩具

用牛奶盒分别收纳

如图所示，把空奶盒底部剪下来，集中到较大的空点心盒里。然后将玩具分类收纳。孩子想用哪个，一目了然，取用简单。

较大玩具

在收纳盒上贴上玩具形状的彩纸

如果要把较大的玩具收纳到盒子里的话，关键是让孩子记住该玩具的"固定座席"，可按玩具底座用彩纸剪一图形粘贴在盒子上，孩子会很容易将玩具对号入座收放好。

后记

首先对手捧此书的朋友们表示衷心的感谢。说真的与其称之为书,倒不如说是一本漫画更为贴切。在本书成册之际我突然觉得我最适合看这本书了。

虽然不能一概而论,但我认为有不少不善收拾房间的小伙伴儿们读起书来也往往心不在焉,或掀了几页就不了了之。说实话我就属于这种类型的人。遇到一本较难的书要么打退堂鼓,要么一目十行匆匆而过。这样稀里糊涂地"看完"一本书,对生活起不到任何指导作用,而这种读书方式可以说屡见不鲜。

我觉得读书与收纳有许多相似之处。一开始干劲十足,可是干着干着就失去了耐心或终于下定决心动手收拾了,可随之而来的是时间、体力、精力又跟不上了,干了一半儿又回到了原点。如果不想让收纳虎头蛇尾,最好的方法是:先从小范围从头到尾试着做一次,这是让收纳"善始善终"的关键所在。

家务活是个没完没了的工作。我曾有过这种经历:为客户整理、收拾房间竟来回跑了一年多的时间。所以,"究竟收拾到什么程度才算达标呢?"很多人常常因看不到"收拾好了"的希望,最终的结局是:半途而废!对此,本书采取由小到大，由简到繁，循序渐进的方式，并逐一设定了收纳模板，分门别类向你传授收纳技巧。即使是一点儿小小的进步，只要坚持下去你就会有收获！只要你不断地翻阅此书不断地去尝试，一步一步、扎扎实实地朝着目标坚持下去，你就能成为收纳达人。

最后，请允许我对给予此书生命之源的漫画家雨月衣先生、从策划开始一直给予此书大力支持的作家村越克子先生、对给予此书简洁易懂的版面设计的细山田光宣先生、奥山志乃先生及对于此书的出版给予鼎力相助的编辑别府美娟先生表示衷心的感谢！

吉川永里子

著作权合同登记图字：01-2014-1109号

图书在版编目（CIP）数据

房间整理术/（日）吉川永里子著；孙玉虹译.—北京：中国建筑工业出版社，2017.8
 ISBN 978-7-112-20798-5

Ⅰ.①房… Ⅱ.①吉…②孙… Ⅲ.①家庭生活—基本知识 Ⅳ.①TS976.3

中国版本图书馆CIP数据核字（2017）第119065号

ZUBORA SAN NO TAME NO KATAZUKE DAIJITEN

© ERIKO YOSHIKAWA 2012
Originally published in Japan in 2012 by X-Knowledge Co.,Ltd.
Chinese (in simplified character only) translation rights arranged with
X-Knowledge Co., Ltd.

本书由日本 X-Knowledge 社授权我社独家翻译、出版、发行。

责任编辑：刘文昕　王砾瑶
责任校对：王宇枢　焦　乐

房间整理术

[日] 吉川永里子　著
孙玉虹　译
　　＊
中国建筑工业出版社出版、发行（北京海淀三里河路9号）
各地新华书店、建筑书店经销
北京京点图文设计有限公司制版
北京顺诚彩色印刷有限公司印刷
　　＊
开本：880×1230毫米　1/32　印张：4⅝　字数：131千字
2017年9月第一版　2017年9月第一次印刷
定价：29.00元
ISBN 978-7-112-20798-5
　　（30462）

版权所有　翻印必究
如有印装质量问题，可寄本社退换
（邮政编码 100037）